ETUDE

SUR LES ANTISEPTIQUES

LEURS AVANTAGES

DANS LE TRAITEMENT DES PLAIES

PAR

MAURICE PERREAU
Docteur en médecine de la Faculté de Paris,

PARIS
A. PARENT IMPRIMEUR DE LA FACULTE DE MEDECIN
29-31, RUE MONSIEUR-LE-PRINCE, 29-31

1880

ETUDE

SUR LES ANTISEPTIQUES

LEURS AVANTAGES

DANS LE TRAITEMENT DES PLAIES

PAR

MAURICE PERREAU
Docteur en médecine de la Faculté de Paris,

PARIS
A. PARENT IMPRIMEUR DE LA FACULTE DE MEDECIN
29-31, RUE MONSIEUR-LE-PRINCE, 29-31

1880

ÉTUDE

SUR

LES ANTISEPTIQUES

LEURS AVANTAGES

DANS LE TRAITEMENT DES PLAIES

I.

La question proposée pour prix par l'Académie de médecine dans ces derniers temps : « *Déterminer la valeur clinique des procédés antiseptiques dans la pratique chirurgicale*, » nous donna l'idée, non de concourir pour le prix, mais de faire notre thèse sur ce sujet. Nous y étions d'autant plus attiré, qu'il était à l'ordre du jour dans toutes les sociétés savantes et dans tous les journaux de médecine à l'occasion de la méthode antiseptique de Lister.

Nous proposant d'étudier cette question aussi complètement que possible, nous avons commencé par rechercher tout ce qui avait été écrit sur les médicaments antiseptiques et sur leur mode d'action.

Mais nous devons avouer notre étonnement, lorsque nous

avons constaté que cette question, que nous considérions comme nouvelle, remontait à la plus haute antiquité, et que les antiseptiques avaient été appliqués par tous les anciens auteurs, surtout si on les considère au point de vue des effets qu'on se propose d'obtenir, c'est-à-dire la cicatrisation plus prompte des plaies et l'empêchement de l'infection purulente. Y a-t-il eu oubli volontaire ou involontaire de la part de nos auteurs modernes sur ce point de thérapeutique médicale et chirurgicale, ou ont-ils considéré comme une véritable découverte la méthode de Lister?

Nous ne saurions le dire, mais on serait tenté de le croire, lorsqu'on entend parler de tous côtés de la méthode nouvelle du chirurgien anglais pour le pansement des plaies. Qu'il nous soit permis de rappeler ce que les anciens pensaient des antiseptiques et comment ils les employaient.

Mais avant de commencer notre travail, nous nous faisons un devoir de témoigner notre reconnaissance et d'adresser nos remerciements les plus sincères à notre cher et excellent maître M. le docteur Mesnet, pour les conseils éclairés et l'accueil si bienveillant que nous avons toujours trouvé auprès de lui.

Nous ne voulons pas non plus entrer en matière sans remercier M. le professeur Verneuil des enseignements que nous avons puisés à ses savantes leçons.

Si l'on consulte les anciens auteurs, on trouve que du temps d'Hippocrate, de Celse, de Galien, etc., l'emploi des antiseptiques dans le pansement des plaies était d'une pratique journalière, et qu'ils rejetaient d'une manière absolue les pansements émollients, qu'ils appelaient pourrissants. Plus tard, l'ancienne Académie de chirurgie professait la même opinion, et, à plusieurs reprises, en 1746, 1747, 1748 et 1755, avait proposé pour prix de déterminer ce qu'étaient les remèdes détersifs, caustiques, d'expliquer leur mode d'action, et de marquer leur usage dans les maladies chirurgicales.

Si l'on tient compte de la composition de ces différents remèdes et de leur manière d'agir sur les plaies, il est facile de voir que les noms seuls des remèdes sont changés et que tous les antiseptiques ne sont que des détersifs, des dessiccatifs ou astringents, et enfin des caustiques plus ou moins actifs, et que la chirurgie, avant ce nouveau venu qu'on appelle l'acide phénique, n'était pas dépourvue d'agents antiseptiques nombreux, et que ces agents, ainsi que nous l'apprend l'histoire, ont été mis en usage jusqu'à l'époque où Broussais fit prévaloir sa doctrine.

Une méthode qui a duré tant de siècles mérite-t-elle donc qu'on la passe sous silence? Le but des anciens en employant des substances astringentes, dessiccatives, était non seulement de favoriser la cicatrisation des plaies, mais encore de prévenir l'infection purulente qu'ils connaissaient, mais qu'ils expliquaient autrement que les modernes.

On trouve donc, en résumé, dans les auteurs anciens, dans les prix et mémoires de l'ancienne Académie de chirurgie, tous les travaux réunis qui traitent de l'emploi des antiseptiques dans le but d'arrêter et d'empêcher l'infection purulente et l'infection putride.

Puis, si nous consultons les travaux de plusieurs chirurgiens de notre époque, on voit qu'ils ont cherché à renverser la doctrine de Broussais pour revenir aux méthodes des anciens qui, il est vrai, agissaient empiriquement sans se rendre bien compte de l'action des antiseptiques, et qu'ils s'en servaient dans tous les cas, sans distinguer les circonstances où l'on doit s'en abstenir de celles où il est convenable de s'en servir.

Si les anciens connaissaient la résorption des matières

purulentes, ils ne la comprenaient pas comme les chirurgiens d'aujourd'hui ; ils la regardaient comme une espèce de métastase, ne connaissant pas la circulation ni les phénomènes de l'absorption. Boerhaave appelait la résorption des matières purulentes une crise métastatique. (Inst. méd., n° 940.)

Quoi qu'il en fût, Boerhaave, comme tous les anciens, faisait un usage fréquent des antiseptiques, et, comme nous l'avons rappelé en commençant et comme nous le démontrerons plus loin, leurs détersifs antiputrides n'étaient que des détersifs spiritueux ou alcooliques, tels que l'esprit-de-vin, le baume de Fioraventi, le sel ammoniac, le camphre dissous dans l'eau-de-vie. Le vin miellé ou sucré était en grand usage afin de dessécher les plaies et hâter leur cicatrisation. Ils avaient remarqué que ces remèdes, qu'ils n'employaient que dans des suppurations de mauvaise nature, donnaient beaucoup de fermeté aux solides et préservaient les liquides de l'action des causes putrides.

Hippocrate, que plusieurs siècles ont salué du nom glorieux de *père de la médecine*, pose en principe, au livre *des Plaies*, qu'il faut les conserver en bon état en les maintenant sèches ; pour cela il se sert du meilleur topique alcoolique qu'il eut à sa disposition, c'est-à-dire le vin. « Il ne faut pas humecter les plaies, si ce n'est avec le vin, à moins qu'elles ne soient à une articulation. L'état sec est plus près de l'état sain et l'humide plus près de l'état de maladie. » (Hippocrate, traduction Littré, *Des plaies*, page 401.) On devra éviter les inflammations et faciliter la suppuration, comme il l'indique dans le passage suivant : « Toutes les plaies récentes s'enflammeront le moins, si on y fait marcher la suppuration aussi rapidement que possible et si le pus n'est pas retenu par l'ouverture de la plaie, ou bien si empêchant qu'il ne se forme de la suppuration, excepté la petite quantité qui est nécessaire, on entretient la plaie dans le plus grand état de sécheresse, à l'aide d'un médicament qui ne soit pas irritant. » (Hippocrate, traduction Littré, *Des plaies*, page 402.) Pour obtenir ce résultat il employait le vin seul ou associé à d'autres substances astringentes et dessiccatives. Il rejette les émollients du traitement des plaies : « Tous les accidents des plaies viennent de l'altération que le sang éprouve... On ne doit jamais user ni de graisses, ni d'huiles, ni de corps gras, jusqu'à ce qu'elles tendent à la guérison. Les substances balsamiques ne conviennent pas dans les plaies fraîches, mais bien dans les cas où elles doivent être modifiées. » (Traduction Littré, *Des plaies*, page 407, 3e volume, 1841.)

Lorsque l'inflammation était passée, Hippocrate prescrivait de donner un peu plus d'*astriction :* outre les végétaux stimulants, il employait l'alun avec le vinaigre. Il guérissait les plaies anciennes et récentes avec un médicament fait de grains de verjus exposé au soleil, dans un vaisseau de cuivre rouge, avec du miel, du vin doux, de la myrrhe, du nitre calciné et il y ajoutait une très petite quantité de térébenthine. Il recommandait ensuite de plus puissants détersifs, un peu corrosifs et astringents, tels que le fiel de bœuf désséché, le vert-de-gris, la poudre d'arum, l'écorce verte d'une branche de figuier avec son suc, la noix de galle, etc. Hippocrate regardait donc les astringents comme très efficaces pour la guérison des plaies anciennes et récentes, mais il s'est plus occupé des formules des remèdes que de leur action pour la cure des plaies.

Celse donne un résumé clair et concis de la science de son temps. Il recommande, *au chapitre des Cicatrisants, livre V*, les remèdes que Hippocrate avait vantés. Il réunit les plaies par des sutures et des boucles, mais il a toujours soin de bien les nettoyer et d'appliquer une éponge trempée dans du vinaigre ou du vin. Il reconnaît que les corps gras ne tardent pas à fournir beaucoup de pus et qu'il ne faut employer aucun suppuratif, pas même l'eau chaude. Pour s'opposer à la pourriture des plaies et l'empêcher de s'étendre il se sert de feuilles d'olivier bouillies dans du vin, ou de chaux incorporée dans du cérat. L'emplâtre vert qu'il conseillait pour guérir les plaies de tête était fait avec du cuivre brûlé, de l'alun rond, de la cire et une quantité suffisante de vinaigre. Un de ses remèdes les plus renommés était une pastille appelée sphragis de Polybe et composée d'alun de plume, de vitriol, d'aloès, de myrrhe, de sommités de grenade et de fiel de taureau : on la délayait dans du vinaigre pour l'appliquer sur les plaies récentes et les ulcères.

Galien a suivi la doctrine d'Hippocrate pour le traitement des plaies et des ulcères : les médicaments dont il fait l'énumération sont : le vin, l'eau de chaux, l'alun, le cuivre brûlé, l'écorce de saule et des décoctions de plantes astringentes, etc. Il ajoute que l'huile et les autres corps de cette nature sont un obstacle à la cicatrisation des plaies.

Les Grecs suivaient la même pratique. Oribase, dans son Abrégé de médecine, enseigne qu'il faut dessécher la plaie lorsqu'il existe une accumulation de liquide, et le meilleur remède, dit-il, pour produire cet effet est le vin. Quant aux autres médicaments ce sont : le vinaigre coupé d'eau, le papyrus trempé dans du vin et roulé autour de la plaie, l'aloès, l'encens, la myrrhe. Il regardait comme merveilleux contre les plaies compliquées de douleur vive et d'inflammation, un cataplasme de grenade bouilli dans du vin.

Les médicaments simples ou composés employés par Aétius au commencement du VIe siècle sont les mêmes que Galien recommandait.

Au VIIe siècle Paul d'Egine vante l'efficacité des astringents, du vin, de l'oxicrat et des pommes de pin.

Actuarius, Myrepsus et plusieurs auteurs qui vivaient dans les XIe et XIIe siècles ne modifièrent pas la pratique de leurs maîtres.

Les médecins du XIIIe siècle nous apprennent qu'il fallait laver les plaies avec du vin chaud, se servir d'étoupes trempées dans du vin et les contenir sur la plaie, de manière que sans lever l'appareil on peut renouveler les fomentations plusieurs fois par jour.

De même que tous les Grecs avaient adopté la doctrine d'Hippocrate et de Galien, les Arabes suivirent celle de Rhazès. Il est le premier médecin qui ait fait mention de l'eau-de-vie. Dans le *Liber perfecti magistri Rasei*, on trouve le passage suivant, rapporté par Hoefer, *Histoire de la Chimie, tome I, page* 324 (1842) : « Præparatio aquæ vitæ simpliciter : accipe occulti quantum volueris et tere fortiter, donec fiat sicut medulla, et dimite fermentari per diem et noctem et postea mitte in vas distillationis, et distilla. » C'est avec cette nouvelle substance qu'il venait d'obtenir, qu'il pansait les plaies soit en l'employant seule, soit en l'associant aux astringents.

Avicenne, Avenzoar, Averrhoës, pendant les Xe, XIe, XIIe siècles, Albucasis dans le XVe, suivent les préceptes de Rhazès et remarquent tous que les remèdes gras, onctueux, ne produisent que de mauvais effets et nuisent à la guérison des plaies ; c'est pourquoi ils se servaient de poudres et de décoctions de plantes astringentes, auxquelles ils ajoutaient du vin, du vinaigre, de l'eau de chaux, etc.

Au XIVe siècle vivait Guy de Chauliac, qui, par son admirable méthode d'exposition, a prouvé qu'il avait sur ses contemporains une supériorité marquée. Il expose les doctrines de ses devanciers et a le mérite d'établir certaines divisions entre les plaies, suivant leur forme, leur étendue, leur siège.

C'est au pansement avec le vin qu'il a recours. Il le conseille en topique ou en injection, et toujours au début, alors que l'inflammation n'est pas encore survenue. Quand il emploie les corps gras, il les mélange aux astringents, aux alcooliques ou aux résineux, toutes substances essentiellement antiseptiques, mais il a toujours soin de laver la plaie avec du vin spiritueux et de placer au-dessus une « estoupade » imbibée du même liquide.

Paracelse, au xvie siècle, décrit la marche naturelle des plaies et les indications que le chirurgien doit remplir pour la seconder. Il recommande les mêmes médicaments que les anciens, exalte prodigieusement les vertus du mercure, et entreprend de corriger l'action du pus avec les caustiques, et surtout avec le sublimé.

Ambrois Paré, observateur sagace et grand praticien, expose « les cinq intentions pour la curation des plaies. » Il se sert de médicaments topiques, qu'il appelle colletica ; ils doivent être dessiccatifs et astringents pour empêcher l'inflammation, ce sont : « thus, aloès, sarcocolla, bolus arme, terra sigillata, sanguis drago, terebenthina vulgaris et veneneta, etc. »

Pour les plaies des articulations, il donne le conseil suivant : au dedans et au dehors de la plaie, on se gardera des médicaments huileux, parce qu'ils relâchent la substance des muscles, des nerfs et des membranes, et les rendent plus facile à s'enflammer.

Il enseigne aussi la manière de traiter les plaies de tête. Si la plaie est simple, il la réunit par quelques bandelettes de diachylon, après l'avoir recouverte d'un baume « cicatrizatif. » Si la plaie est vaste, il emploie l'eau-de-vie et les astringents, et à ce sujet il cite une observation intéressante :

C'est un jeune soldat pris sous un éboulement de terre au siège du château de Hesdin ; un vaste lambeau de cuir chevelu est décollé et renversé sur le visage. La plaie fut lavée avec du vin tiède, et on appliqua de la térébenthine de Venise mêlée avec un peu d'eau-de-vie dans laquelle était dissoute de l'aloès et du sang dragon. Le cuir chevelu remis en place, la cicatrisation ne tarda pas à se faire.

Paré a fait une étude complète des plaies produites par les arquebuses. Jusqu'à lui, ces lésions étaient considérées comme empoisonnées, et Jean de Vigo les cautérisait avec de l'huile bouillante. Mais il reconnut bientôt que ce traitement était défectueux, et il employa les alcooliques et les résineux, auxquels on doit rapporter les propriétés efficaces des baumes qu'il a formulés.

Vésale, à l'imitation des anciens dans le traitement des plaies, appliquait des compresses trempées dans des décoctions astringentes ou dans du vin.

Pierre de la Forest, célèbre médecin des Pays-Bas, suivait l'exemple d'Ambroise Paré et de Vésale pour soigner les plaies. Van Helmont, l'émule de Paracelse, avait recours au minium, à la céruse et au colcothar.

Félix Würtz, au commencement du XVIIe siècle, composa un onguent avec des plantes astringentes infusées dans le vinaigre et le vitriol et cuites dans du miel. Il le recommandait dans le traitement des plaies.

Pierre Barbette, chirurgien à Amsterdam, dit que les topiques ne doivent être ni gras, ni onctueux, mais puissament dessiccatifs (1672).

Wiseman, chirurgien de Charles II, roi de la Grande-Bretagne, guérissait les ulcères avec les dessicatifs et regardait l'alun comme d'un grand secours (1676).

Muys, de Gèbre, dans les Provinces-Unies, donnait des éloges à un onguent fait avec l'egyptiac et le sel ammoniac mêlés à de l'esprit de vin (1684).

Dionis, qui professait au Jardin du roi, en 1772, un cours d'opérations chirurgicales, conseillait toujours, pour le traitement consécutif aux opérations sanglantes, l'eau-de-vie camphrée ou tout autre liquide alcoolique.

Saviard, chirurgien de l'Hôtel-Dieu, proclamait les effets surprenants qu'il obtenait dans la cure des ulcères avec un onguent modicatif composé de vert-de-gris, de substances astringentes et dessiccatives.

Belloste assure avoir guéri avec une décoction de feuilles de noyer un grand nombre de soldats atteints d'ulcère. Il employait aussi les teintures d'aloès, de myrrhe, de safran, le vitriol, l'alun, le borax, le nitre, etc...

Lieutaud faisait un fréquent usage des dessiccatifs : « On sait qu'ils sont propres à délivrer les ulcères des humidités superflues, à détruire les chaires baveuses et les callosités tels sont : l'eau de chaux, la céruse, l'alun calciné, l'eau phagédénique; l'eau de Goulard, etc... » (Lieutaud, Précis de médecine pratique, page 66, t. II, 1775.) Il pansait rarement les plaies pour ne pas trop les exposer à l'action de l'air et il appliquait un bandage que l'on arrosait avec de l'eau-de-vie. « Les plantes vulnéraires, les spiritueux, les balsamiques, l'eau de boule de mars peuvent être utilement employés ainsi que tous les détersifs et les antipudrides. » (Précis de médecine pratique, page 103, livre II, 1775).

Purmann, chirurgien de Breslau, ne modifia pas la méthode de ses devanciers et de ses contemporains.

Le Dran, en France, proscrit les topiques gras et huileux : « car ceux qui sont gras et pourrissants produisent non seulement des fusées de suppuration, mais sont encore souvent la cause d'un reflux de matières purulentes. » (Plaies d'armes à feu, page 76, 1740).

De Lapeyronie plaça des morceaux de cerveau en macération dans l'esprit-de-vin, dans le vin, dans le baume de Fioraventi, dans l'huile de térébenthine et dans le baume du Commandeur. Les meilleurs effets furent produits par l'huile de térébenthine et le baume du Commandeur. (Qu s-nay, Mémoire sur les plaies de tête, 1747.)

Scharp, en Angleterre, emploie les astringents et regarde comme détersif unique le précipité rouge dans le basilicum.

L'ancienne Académie de chirurgie, 1746, 1747, 1748, 1755, avait proposé pour prix de déterminer ce que font les remèdes détersifs, dessiccatifs et caustiques, d'expliquer leur manière d'agir et de marquer leur usage dans les maladies chirurgicales. En 1774, elle mit au concours la question suivante : *Exposer les inconvénients qui résultent de l'abus des onguents et des emplâtres, et quelle réforme la pratique vulgaire est susceptible à cet égard dans le traitement des ulcères.* Champeaux prit part à la lutte et montra que les suppuratifs étaient dangereux lorsqu'on les appliquait dans les inflammations, dans les gangrènes, sur les tumeurs ulcérées, sur les plaies avec ou sans perte de substance, et il cite à l'appui un grand nombre d'observations. (Mémoires de l'ancienne Académie de chirurgie, t. IV, page 637.)

Dans les plaies d'armes à feu, on se servait d'une liqueur spiritueuse qui portait le nom d'eau d'arquebusade et qui produisait les meilleurs effets. Il suffit de citer l'observation suivante : « Le 27 novembre 1768, dans une émeute populaire, soixante personnes furent blessées par des balles et portées à l'hôpital où elles reçurent les secours les plus prompts : tous ces malheureux furent pansés avec l'eau d'arquebusade. Mais à la levée du premier appareil les onguents et les corps gras furent prodigués et ils périrent presque tous. » (Champeaux. Mémoires de l'ancienne Académie de chirurgie, t. IV, p. 668.) On se servait pour les ulcères avec carie, de liqueurs spiritueuses, des huiles essentielles, des teintures de myrrhe, d'aloès.

Camper fit un mémoire sur le même sujet ; il remarque que les corps gras augmentent l'écoulement sanieux, ce qui l'obligeait de faire des fomentations tièdes avec des décoctions d'écorce de chêne, de saule et de quinquina. Après cette médication, l'inflammation diminuait et les forces du malade augmentaient. D'après les conseils de Van Swieten, il employa avec le plus grand succès vingt gouttes d'esprit de sel marin dans du miel rosat pour panser des ulcères qui avaient été irrités par des corps gras.

Pringle signala les vertus antiseptiques de l'écorce de saule ; dans des expériences faites par Camper, ce médecin dit avoir préservé de la corruption pendant cinq semaines, dans une décoction de cette substance, un morceau de viande fraîche, exposé à une chaleur de 62 à 68 degrés du thermomètre Fahrenheit. De son côté Pringle a démontré que tous les astringents étaient antiseptiques, comme le quinquina, le sel ammoniaque, le sel de nitre, le camphre, le borax, l'alun, l'aloès, la myrrhe, etc., mais à des degrés différents. (Mém. de l'anc. Acad. de chir., p. 841, t. IV.)

Les expériences de Pringle rendent facilement raison pourquoi les remèdes des anciens avaient conservé leur efficacité, c'est qu'à une vertu astringente ils en joignaient une antiseptique.

En résumé, pendant plusieurs siècles et dans tous les pays, les remèdes prescrits par Hippocrate jusqu'à l'époque où Broussais exposa ses doctrines n'étaient que des antiseptiques qui rentraient les uns dans les autres, malgré la variété de leurs formules. Une longue expérience avait servi de guide pour confirmer cette pratique.

II

Broussais apparaît avec sa nouvelle théorie des inflammations, il ébranle et boulverse les doctrines classiques et finit par les renverser complètement : « L'inflammation, dit-il, est le phénomène principal et le plus considérable de la pathologie, et quoique l'on ne fasse pas grand bruit d'autres phénomènes qui ne sont pas celui-là, c'est elle qui est la principale maladie du corps humain. » (Broussais, Cours de pathologie générale et de theupeutique, tome II, p. 74, 1834). Tous les médecins et les chirurgiens, puisant une fausse doctrine dans les leçons et les ouvrages de ce novateur, acceptèrent avec trop d'empressement toutes ses idées. Les livres de pathologie portèrent la trace plus ou moins profonde des erreurs de cet ardent réformateur et la pratique des anciens fut presque complètement abandonnée. On n'étudiait plus que les phénomènes presentés par les plaies sans se préoccuper de favoriser leur marche régulière par un traitement topique. On attribuait leurs complications à la suppression du pus, et l'on concluait de là qu'il fallait les faire abondamment suppurer; or comme l'alcool diminuait beaucoup cette formation de pus, on accusait cet usage exagéré d'en favoriser le reflux. « Il faut s'abstenir d'appliquer sur la plaie des liqueurs alcooliques et balsamiques, des onguents irritants, de la colophane, etc. Ces corps étrangers ne peuvent qu'augmenter l'irritation et par suite le développement de l'inflammation qu'on doit modérer au contraire autant que possible. » (Diction. en 30 vol, article Plaies.) — On proscrivait d'un seul coup les agents antiseptiques que la tradition avait légués. Les plaies furent pansées avec des émollients, des relâchants, des pourrissants, etc., pour combattre l'inflammations et calmer la douleur. Alors surgirent tous les accidents graves qui peuvent accompagner les plaies, accidents que l'on attribuait à l'encombrement, à la viciation de l'air et au milieu dans lesquels séjournaient les malades. Les antiseptiques n'étaient plus qu'une tradition populaire et bien que de temps en temps les médecins étaient témoins de guérisons extraordinaires obtenues par la méthode ancienne, ils ne se donnaient pas la peine de s'en rendre compte, ils n'y attachaient aucune importance. Ils regardaient ces résultats comme un fait heureux, mais inexplicable, tant ils étaient imbus des doctrines de Broussais. C'était à la bonne constitution du malade, à son habitation à la campagne qu'ils attribuaient la guérison et non au traitement incendiaire qu'avait suivi le blessé. Des mains, des doigts, des pieds déchirés, écrasés, avec des désordres très-graves et guéris par un charlatan qui faisait plonger pendant plusieurs heures le membre blessé dans un vase rempli de vin ou d'eau-de-vie et le pansait chaque jour avec les mêmes agents, ne pouvaient convaincre les disciples de Broussais. Ils ne voyaient dans ces guérisons surprenantes que l'effet d'une chance heureuse, qu'ils se gardaient bien de courir parce que ce traitement était en contradiction avec les doctrines antiphlogistiques qu'ils avaient acceptées aveuglément. L'infection purulente sévissait de tous côtés et faisait de grands ravages, la plupart des opérés succombaient, atteints de complications les plus graves. Mais le Maitre avait parlé et tous s'inclinaient devant sa parole.

Il est si difficile de déraciner une erreur, que ces faits de guérison par une méthode toute contraire à celle qu'on suivait, ne faisaient aucune impression sur l'esprit des chirurgîens, parce que le progrès en médecine et en chirurgie n'est jamais dû qu'à un petit nombre d'hommes et que les médecins, en général, s'attachent aveuglément aux principes du maître qu'ils ont suivi. Ils acceptent sans contrôle tout ce que ces maîtres défendent ou écrivent, et ils accréditent ainsi des erreurs qui sont admises par plusieurs générations ; il en fut de même des doctrines de Broussais relativement aux pansement des plaies, et la méthode des antiseptiques que l'on employait depuis de longues années fut généralement repoussée.

Louis n'avait-il pas raison lorsqu'il écrivait (Mémoire de l'Académie de chirurgie, t. IV) « que les hommes familiarisés avec une certaine façon de penser sur certains objets, se déterminent difficilement à changer d'avis, parce que se dépouillant de l'erreur où l'on est, il semble que l'on perd de ses connaissances réelles, l'amour-propre répugne à ce sacrifice, en ce qu'il prouve qu'on était bien mal instruit, et l'on n'aime point à se faire cet aveu : c'est un des plus grands obstacles au progrès des sciences..... »

Malgré tous les efforts qui avaient été faits par l'Académie de chirurgie pour savoir quelle était la meilleure méthode de panser les plaies, la doctrine de Broussais avait triomphé. On avait oublié que cette Société savante avait tour à tour proposé pour prix : l'étude des répercussifs, des résolutifs, des suppuratifs, des détersifs, des caustiques, des émollients, des anodins, etc., et qu'elle demandait quelle était sur les plaies, l'influence de l'air, des aliments, des boissons, de l'exercice, du repos, du sommeil, de la veille, des passions, etc., toutes questions dont il est indispensable de tenir compte dans le traitement des affections chirurgicales. La savante Compagnie avait conclu, relativement au pansement des plaies, que les antiseptiques, les détersifs, etc., étaient de beaucoup préférables aux anodins et aux émollients.

Cependant, la septicémie et l'infection purulente frappaient à coups redoublés, et il ne fallut rien moins que les désastres qui assaillirent, dans leur pratique, les plus habiles chirurgiens, pour décourager et faire douter les partisans les plus convaincus du système qui régnait alors en maître.

III

En 1840, un des membres de la Société de chirurgie, M. le Dr Boinet, vint sinon le premier, au moins un des premiers, battre en brèche la doctrine de Broussais, qui à cette époque régnait en souveraine et inspirait les chirurgiens dans le pansement des plaies. Un fait remarquable qu'il avait observé, et dont nous parlerons plus loin, lui avait rappelé la pratique des anciens, et à partir de ce moment il n'a cessé de l'appliquer et d'en faire connaître les avantages. Déjà, depuis plusieurs années, les chirurgiens avaient reconnu que la doctrine de Broussais pour le pansement des plaies était une erreur dangereuse, que l'érysipèle, l'infection purulente, la septicémie étaient devenus plus fréquents depuis que l'on employait les émollients, les corps gras et onctueux. Ils ne voulurent plus regarder ces accidents comme des complications fatales et mystérieuses et tous cherchèrent les moyens de parer à ces accidents.

Les recherches et les expériences de John Hunter avaient démontré que toutes les fois que le sang, à la suite d'un traumatisme, reste enfermé dans l'intérieur des parties sans lésions ou déchirures de la peau, comme dans les fractures simples, les luxations, les ruptures des muscles ou des tendons, etc., ce sang extravasé, sorti des vaisseaux rompus sous la peau, conserve son principe vital, il est résorbé sans inconvénient pour l'économie ; que si au contraire ce sang communique avec l'air, la peau étant déchirée, ouverte, il y a suppuration, le sang perd ses qualités, il meurt, devient corps étranger et impropre à la réunion de la plaie. Guidés par ces faits, que personne ne conteste, les chirurgiens s'efforcèrent de perfectionner l'art des pansements, à l'hygiène du blessé on joignit l'hygiène des plaies. Les tentatives succédèrent aux tentatives, les inventions se multiplièrent : réunion par première intention, pansements rares, méthode sous-cutanée, irrigation continue, vide pneumatique, pansements par occlusion, méthode galvano-caustique, cautérisation, etc., tout fut essayé pour arriver à de meilleurs résultats dans le pansement des plaies.

L'Ecole de Montpellier, représentée par Delpech, préconise la réunion immédiate, et prouve qu'elle est de beaucoup préférable aux pansements par les émollients.

M. J. Guérin, ce savant observateur, démontre, par de nombreuses expériences et par de nombreux faits cliniques combien la doctrine de Hunter était vraie. Il propose la méthode sous-cutanée et cherche à se mettre dans les conditions indiquées par Hunter, c'est-à-dire à éviter que le sang, la sérosité, la lymphe plastique épanchés au milieu des tissus, par suite d'une opération faite sous la peau, ne soient pas exposés au contact de l'air, afin d'éviter la suppuration et l'infection purulente. Cette méthode très importante a fourni de nombreux succès.

Les observations de Hunter et les faits de M J. Guérin démontrent donc l'immense avantage qu'il y a à empêcher le contact de l'air sur les plaies et à les placer, toutes les fois que cela est possible, dans les mêmes conditions qu'une lésion sous-cutanée. Mais malheureusement la réunion par première intention ne peut pas toujours être exacte et se laisse trop facilement pénétrer par une certaine quantité d'air qui agit sur la surface de la plaie, sur les liquides (sang, sérosité). De même, la méthode sous-cutanée n'est pas applicable dans tous les cas.

N'obtenant pas par ces méthodes tous les résultats que l'on espérait, on en chercha de nouvelles. Chassaignac, après avoir proposé les pansements par occlusion, eut l'heureuse idée d'y joindre le drainage. Cette adjonction qui n'était qu'un moyen d'empêcher le pus de séjourner au fond d'une plaie, a été une cause de bien des succès dans le pansement des plaies, et tous les chirurgiens sont d'accord aujourd'hui pour recommander cette méthode. On comprend qu'en diminuant la quantité de pus en contact avec la plaie, par un écoulement continu, on puisse diminuer les chances de la resorption purulente, mais on ne les empêche pas toujours.

Dans l'espoir d'arriver à un meilleur résultat on a proposé encore des injections, des lavages, avec différents liquides, dans le but de débarrasser la plaie du pus qui pouvait séjourner dans les anfractuosités ou le drain était insuffisant pour le faire écouler.

Toujours dans le même but, celui d'éviter l'infection purulente, Chassaignac a proposé l'écrasement linéaire. D'autres, comme Bonnet, de Lyon, et M. Sedillot ont recommandé la cautérisation avec le fer rouge et les caustiques, Nos chirurgiens modernes, avec des instruments mieux confectionnés, sont revenus à la cautérisation. On avait remarqué qu'à la suite de leur emploi, comme dans les plaies par arrachement, la suppuration était moins abondante et l'infection purulente moins fréquente. Mais on avait remarqué aussi qu'après la chute de l'eschare, la suppuration avait encore lieu et que l'infection purulente était encore possible, cependant plùs rare que lorsqu'on fait usage de l'instrument tranchant. Malheureusement l'écrasseur linéaire, les caustiques, les cautérisations par le galvano-cautère ne sont pas toujours possibles. L'avantage de ces méthodes est incontestable, elles servent à prévenir les hémorrhagies, à diminuer les surfaces traumatiques, l'inflammation et la suppuration, à favoriser la constriction, l'oblitération des vaisseaux sanguins et lymphatiques et à mettre ainsi un obstacle à la pénétration dans l'organisme des éléments infectants.

Avant toutes ces méthodes et depuis, d'autres ont été encore proposées contre l'infection purulente. Guyot eut recours à l'irrigation continue, qui avait été également recommandée par Josse, d'Amiens, Bérard et Malgaigne. Dans ces derniers temps M. Lefort a conseillé la balnéation. Toutes ces méthodes qui ont beaucoup de ressemblance entre elles, avaient pour but d'empêcher l'inflammation, la stagnation et l'altération des liquides sécrétés par la plaie et c'est surtout dans les fractures comminutives, si graves au point de vue de l'infection purulente, que leurs auteurs les recommandaient. La seule remarque que nous ferons, c'est que M. Lefort, tout en recommandant la balnéation, ne néglige pas complétement les antiseptiques et qu'il applique sur la plaie des compresses trempées dans un mélange d'eau et d'alcool.

M. J. Guyot avait encore proposé un appareil à incubation, basé sur ce fait, que les plaies guérissent mieux et sont moins sujettes aux complications dans une température uniforme et assez élevée. Mais cette méthode, essayée à l'Hôtel-Dieu dans les services de Breschet et de Sanson, a été bien vite abandonnée.

Plus tard sont venues les méthodes par occlusion ; elles rentrent soit dans la méthode de réunion par première intention, comme les pansements rares, soit dans l'occlusion pneumatique proposée par M. J. Guérin. qui a toujours pour but de placer les plaies, dans les conditions des plaies sous-cutanées, il pense, en agissant ainsi, arrêter l'inflammation suppurative, ce qui est loin d'être ainsi, puisque M. J. Guérin et M. Maisonneuve ont appliqué l'aspiration continue à l'occlusion pneumatique, pour entraîner au dehors le pus qui s'est formé sous l'appareil et qui se trouve en contact avec la plaie. Nous rappellerons en passant qu'avant d'appliquer son occlusion pneumatique, M. Guérin a bien soin de laver la plaie avec de l'alcool, et d'appliquer dessus une couche de charpie imbibée dans un liquide antiseptique (acide phénique, arnica, vin aromatique). On injecte même dans la plaie des liquides désinfectants. Alors est-ce à l'occlusion pneumatique ou à l'aspiration de la matière purulente, ou aux antiseptiques qu'il faut attribuer les résultats obtenus et si l'occlusion pneumatique ne peut empêcher, ni l'inflammation, ni la suppuration des plaies, à quoi peut-elle servir pour empêcher l'infection purulente ?

Enfin une dernière méthode qui est encore en honneur, et qui date de quelques années seulement, est le pansement ouaté de M. Alphonse Guérin. Ce savant chirurgien adoptant les idées de M. Pasteur sur les ferments, les germes qui voltigent dans l'air et produisent l'infection purulente en se déposant sur les plaies, a eu l'idée de panser les plaies avec plusieurs couches de ouate superposées, dans le but de barrer le chemin à ces germes malfaisants, de les empêcher de pénétrer jusqu'à la plaie et de prévenir ainsi l'infection purulente. Ce mode de pansement il faut bien le dire, n'a pas obtenu l'assentiment général et les théories de MM. Pasteur et Guérin sur cette manière de panser les plaies ont laissé du doute dans bien des esprits, parce que l'on s'est demandé pourquoi ces germes et ces ferments qui se trouvent dans l'air constamment, et qui produisent la suppuration sur les plaies qu'ils ont abordées, s'abstiennent d'envahir la plaie au moment où elle est produite et pendant tout le temps qui s'écoule avant le pansement ouaté.

Pourquoi dans certains cas où les plaies restent exposées à l'air pendant plusieurs heures, dans les ovariatomies par exemple, ces germes répandus dans l'air ne s'abattent-ils pas dans la cavité abdominale et pourquoi s'ils y pénètrent ne produisent-ils pas les mêmes effets que sur les autres plaies, quoique la plaie abdominale, qui certes ne manque pas d'étendue, n'ait pas été pansée avec de la ouate? Est-ce que ces germes emprisonnés dans la cavité abdominale se trouveraient dans des conditions nouvelles qui les empêcheraient de produire la suppuration ? Cependant cette suppuration ne manque pas d'avoir lieu si l'on laisse dans la cavité abdominale le moindre caillot de sang, le moindre corps étranger qui en se décomposant produit la péritonite et la mort.

Certes, nous sommes loin de nier les bons effets du pansement ouaté de M. A. Guérin, mais s'il nous fallait chercher la cause des beaux résultats qu'il obtient, nous la trouverions dans le pansement lui-même qui préserve beaucoup mieux que d'autres la plaie du contact de l'air et à la rareté des pansements. Ce n'est pas selon nous en filtrant l'air et en le purifiant de ses germes nuisibles par des couches de coton qu'agit le pansement ouaté ; c'est parce qu'il réunit pour la cicatrisation des plaies plusieurs des conditions dont l'observation est venu affirmer l'efficacité.

De plus nous ferons remarquer que M. A. Guérin, avant d'appliquer son pansement ouaté, prend l'excellente précaution de laver la plaie avec un liquide antiseptique, l'alcool camphré, et c'est croyons-nous une des causes principales du succès du pansement ouaté.

Jusqu'à présent tous ces modes de pansements, tout rationnels qu'il paraissent, n'ont pas toujours fourni les bons résultats qu'en attendaient leurs auteurs. Nous les avons énumérés et appréciés à peu près tous, omettant à dessein de parler des antiseptiques, des désinfectants, des antiputrides, des antivirulents, etc., parce que c'est dans l'efficacité de ces derniers agents que nous avons le plus de confiance.

Comme nous l'avons rappelé en commençant, M. le docteur Boinet dès 1840 avait reconnu à l'iode des propriétés antiseptiques et antiputrides remarquables. Aussi lui revi nt-il une grande part à la seconde renaissance des pansements par les antiseptiques, et ses travaux ont largement contribué à remettre en honneur la méthode du pansement des plaies par les antiseptiques.

Il n'est pas sans intérêt de rappeler comment M. Boinet a été amené à faire revivre la méthode des anciens et à appliquer les antiseptiques dans le pansement des plaies.

Un jeune homme, atteint d'un abcès fistuleux dans la région inguinale, avait pendant plus de deux ans subi de nombreux traitements sans obtenir de guérison. M. Boinet, appelé à son tour, eut l'idée d'employer la teinture d'iode dans ce foyer purulent. C'était en 1839 ; tous les médecins et les chirurgiens étaient encore sous l'influence des doctrines de Broussais, et M. Boinet n'aurait jamais osé panser une plaie autrement qu'avec des émollients, des antiphlogistiques, des anodins, s'il ne s'était pas trouvé en présence d'un cas désespéré. Il s'agissait d'un vaste abcès fistuleux qui s'étendait du ligament crural aux côtés de la colonne vertébrale, à une profondeur de 18 à 20 centimètres. Quoi qu'on eût fait, depuis deux ans la suppuration avait toujours persisté et les forces du malade étaient épuisées : Roux, Sanson, Velpeau, Ricord, Bérard, Monod et d'autres chirurgiens célèbres avaient traité ce malade sans pouvoir améliorer sa position.

Ne voulant pas répéter les nombreux traitements déjà mis en usage pendant deux ans, M. Boinet proposa de faire une injection iodée dans ce foyer purulent. Le malade accepta ce traitement, si en opposition avec la pratique ordinaire. L'injection ne fut pas très douloureuse et procura promptement une guérison, qu'on n'avait pu obtenir depuis deux ans et qui s'est maintenue depuis cette époque. (*Gazette méd.*, 1840, p. 605 ; — *Traité d'icodothérapie*, p. 484. — 2e édition, Paris, 1865.)

Une guérison aussi prompte et si inattendue fit réfléchir M. Boinet et l'engagea à essayer la teinture d'iode sur toutes les plaies, dans les abcès chauds ou froids.

Bientôt de nouveaux cas de guérison lui apprirent qu'on avait tort de ne pas faire usage des teintures alcooliques dans le pansement des plaies, et que la teinture d'iode, en particulier, que la solution fût aqueuse ou alcoolique, était un modificateur puissant de toutes les plaies récentes ou anciennes, et procurait une cicatrisation plus prompte en diminuant l'inflammation, la suppuration, et en donnant au pus de mauvaise nature les qualités du pus louable.

Dans le cours de ses expériences, M. Boinet remarqua que la teinture d'iode appliquée sur des tissus que l'on venait de diviser, diminuait d'une façon très évidente l'inflammation, que les plaies placées dans ces nouvelles conditions étaient moins exposées à l'absorption du pus, en un mot, que l'infection purulente était moins fréquente et pouvait même être arrêtée à ses débuts. D'où cette conclusion que l'iode était un antiputride, un antiseptique antiphlogistique très puissant, ayant une action particulière et spéciale sur les tissus enflammés ou non.

Outre les observations publiées dans les annales de la science depuis 1840, M. Boinet a publié un Traité d'iodothérapie, qui en est à sa seconde édition, et dans lequel on trouve, à la page 608, un chapitre spécial « *sur l'application locale de l'iode dans les plaies, les ulcères, les inflammations virulentes, et comme moyen de prévenir et d'arrêter l'infection purulente et de détruire les virus, etc.* »

La teinture d'iode appliquée contre les inflammations de toute nature, dans les vaginites acquises ou chroniques, spécifiques ou non, sur les chancres, dans la pourriture d'hôpital, contre l'érysipèle, l'angioleucite, les pustules de la variole, etc., produit des effets qu'on n'obtient pas avec les émollients.

M. Boinet a donc droit à une part importante dans la méthode du pansement des plaies par les antiseptiques, puisque au moment où personne ne songeait à remettre en honneur la doctrine bien vieille du pansement des plaies par l'alcool et les teintures alcooliques, il recommandait d'une manière toute particulière, un procédé qui a eu, depuis quelques années, de nombreux partisans, et, ce que nous voulons faire remarquer, c'est que ceux qui aujourd'hui en réclament la priorité ont oublié les travaux des anciens et même ceux de leurs contemporains.

L'élan était donné ; aussi un grand nombre de médecins s'empressèrent-ils de suivre la même voie. Chaque jour de nouveaux faits cliniques vinrent confirmer ce que M. Boinet avait annoncé. Magendie se mit à étudier les effets du contact de l'iode sur le sang et diverses substances végétales. Il constata (*Union médicale*, p. 463 et 475, 1852) qu'une solution iodée avait la propriété de conserver les matières animales. Il mit de la fibrine dans une solution concentrée d'iode; cette solution, qui était d'un rouge opaque, était décolorée au bout de peu de jours et n'avait plus l'odeur de l'iode aucune odeur de putréfaction ne s'y faisait sentir; tandis que la même quantité de fibrine conservée pendant le même temps dans l'eau ou dans une solution peu concentrée d'iode, offrait les signes d'une putréfaction avancée. Magendie avait conservé des artères de bœufs égorgés pour étudier les caillots du sang ; pour cela, il avait versé sur ces pièces une grande quantité de solution concentrée d'iode ; la putréfaction n'a commencé à se produire qu'après la disparition de l'iode.

Un pharmacien distingué de Paris, M. Duroy, fit de son côté des expériences qui sont venues confirmer les nombreux faits cliniques de M. Boinet et les expériences de Magendie sur les propriétés antiseptiques de l'iode. Il a publié en novembre 1854 (Union médicale) les expériences très importantes qu'il a faites sur ce sujet. Ce savant chimiste a mis de la teinture d'iode dans du pus, et il a constaté que le pus, quoique exposé à l'air et à une température élevée de 20 à 25 degrés, n'avait contracté aucune odeur, qu'il était sensiblement alcalin et qu'il ne renfermait aucune trace d'ammoniaque. Au bout de huit jours, une légère odeur qui commençait disparut aussitôt par l'addition de 2 gouttes de teinture d'iode, et pendant plus d'un mois ce mélange est resté dans une stabilité absolue, aucun signe de fermentation n'a eu lieu; du même pus, placé comparativement dans les mêmes conditions et sans y ajouter d'iode, avait, au bout de vingt-quatre heures, une odeur fétide, une alcalinité très prononcée, et laissait dégager de l'ammoniaque au contact de la potasse.

M. Duroy a encore fait d'autres expériences sur le lait, le sang, l'albumine, le gluten, et il a toujours constaté la propriété antiseptique de l'iode.

De son côté, M. Selmi a expérimenté avec des solutions d'émétique iodées et bromées, pour la conservation des pièces anatomiques (*Gazette de méd, et chir.* 1862. p. 710). Il a remarqué que ces liqueurs n'altèrent ni ne modifient la structure des tissus, que leurs rapports restent intacts, le volume normal, soit pendant, soit après la dessiccation de la pièce suffisamment macérée.

En 1859, l'Académie de médecine avait mis au concours la question suivante : *Des désinfectants et de leur application thérapeutique*. Dans un mémoire qui fut couronné et qui a été publié en 1862, dans la *Gazette hebdomadaire de médecine et de chirurgie*, n°s 40, 41, 45, M. Boinet a démontré que les désinfectants n'étaient que des antiputrides, des antivirulents, et qu'ils agissaient de la même manière et que, de tous les antiputrides ou désinfectants, l'iode était sinon le meilleur, au moins un des meilleurs, puisqu'il avait la propriété d'enlever instantanément au pus sa mauvaise odeur et ses mauvaises qualités, qu'il était très favorable pour la cicatrisation des plaies, qu'il pouvait conserver les matières animales et empêcher la fermentation et l'infection purulente.

Pendant le siège de Paris 1870-71, les préparations iodées furent largement employées par M. le Dr Boinet dans son service, dans les ambulances. Ce mode de traitement consistait à laver les plaies, à les injecter, à les baigner et à les panser avec une solution d'iode et de tannin composée le plus ordinairement comme il suit :

Eau	500	grammes.
Tannin.	50	—
Teinture d'iode.	25	—

Dans certains cas, cette solution était plus concentrée, on augmentait le tannin et la teinture d'iode. Une plaie étant donnée, récente ou suppurante, M. Boinet commençait par la laver, la nettoyer avec soin, avec une éponge fine imbibée d'eau tiède. Si la plaie était profonde, sinueuse, avec des anfractuosités, il faisait des injections ; une fois debarrassée de toutes les matières susceptibles de se putréfier ou d'entretenir la suppuration (sang, sérosité, corps étrangers), il enlevait les esquilles mobiles et plaçait un drain, s'il y avait indication de le faire, puis il versait dans cette plaie du liquide iodo-tannique, pour que ce liquide pût pénétrer, s'infiltrer dans toutes les parties de la plaie, et y produire les effets qu'il en attendait. Cela fait, il appliquait sur la plaie et sur ses ouvertures, si c'était une plaie en séton, d'épais plumasseaux de charpie imbibée de liquide iodo-tannique, puis, par-dessus, des compresses encore imbibées du même liquide et pliées en huit ou en quatre. Enfin un bandage roulé avec des bandelettes séparées, suivant les cas, mais le tout médiocrement serré ; souvent une couche de ouate plus ou moins épaisse, recouverte d'un taffetas gommé, achevait le pansement.

Le repos le plus complet de la partie blessée était recommandé, et le pansement n'était refait que si des circonstances majeures l'exigeaiênt, comme l'extirpation de quelques esquilles osseuses devenues mobiles, ou la formation de foyers purulents qui pouvaient avoir besoin d'être drainés. Chaque jour, matin et soir, sans défaire le pansement du fond, mais en enlevant seulement le taffetas gommé et la ouate, le reste du pansement était imbibé, s'il en était besoin, d'une nouvelle dose de liquide iodo-tannique, afin de rendre permanent les effets de cette solution.

C'est à ce mode de pansement que M. Boinet attribue les succès qu'il a obtenus et l'absence presque complète d'infection purulente dans son service. Sur 200 blessés environ, ce savant chirurgien n'a compté que trois morts par infection purulente, bien qu'à cette époque et autour de lui l'infection purulente et la septicémie fissent de grands ravages.

Les malades étaient dans des milieux mal sains avec encombrement de blessés, au Palais de l'Industrie, et au Grand-Hôtel, où les conditions hygiéniques étaient des plus mauvaises, avec des blessés démoralisés, affaiblis par une mauvaise nourriture et les fatigues du siège, en un mot au milieu des conditions les plus favorables au développement de l'infection purulente. Toutes les blessures étaient des plaies par armes à feu et souvent des fractures comminutives, dues à des balles ou à des éclats d'obus : sur 48 blessés atteints de fractures comminutives, 34 ont été guéris par ce pansement iodo-tannique.

Que conclure de ces faits ? Que le traitement préventif de l'infection purulente par les antiseptiques est une méthode qui répond à presque toutes les indications que fournit l'experience.

Quant au tannin que M. Boinet associe à l'iode, tout le monde sait qu'il est le plus puissant des astringents végétaux, et qu'à une très faible proportion, il précipite l'albumine, coagule la fibrine, et forme avec les tissus des composés imputrescibles.

Il produit la contraction des capillaires, et tanne, pour ainsi dire, les tissus ; il agit en outre sur la contractilité organique, en excitant les fibres musculaires. Dans les campagnes, les empiriques vont jusqu'à en faire un remède universel et infaillible, pour la guérison sûre et prompte de toutes les plaies. Sans recourir à de semblables témoignages, on a souvent constaté dans les hôpitaux les bons effets du tannin en poudre ou en solution dans les suppurations de mauvaise nature.

La solution iodo-tannique proposée par M. Boinet a des propriétés astringentes, hémostatiques et est un modificateur précieux des mauvaises sécrétions, en même temps qu'elle est un astringent, un antiputride, un antiseptique.

En 1873, M. Davaine vint de son côté communiquer à l'Académie de médecine des expériences qui démontraient les propriétés antivirulentes de l'iode. Il suffirait d'après ce savant de 1/1,200 d'iode pour détruire le virus charbonneux; du reste là encore, la clinique répond par l'affirmative à cette question de l'antivirulence.

Quelque temps après, le 27 janvier 1874, M. Cesard envoyait à son tour, à l'Académie, un mémoire sur le traitement des maladies charbonneuses de l'homme et des animaux, par une méthode qu'il a appelé antivirulente et qui lui avait été inspirée par les expériences de M. Davaine.

Enfin le 18 mai 1875, M. le Dr Raimbert de Chateaudun, écrit à l'Académie de médecine que, dans le traitement du charbon de l'homme, il a observé les bons effets des injections iodées sous-cutanées.

Tous ces faits de MM. Davaine, Cesard et Raimbert viennent confirmer ce que M. Boinet avait annoncé dans son traité d'iodothérapie, que l'iode doit être placé au premier rang, parmi les antiseptiques, les désinfectants, les antivirulents.

D'autres chirurgiens ont eu recours à d'autres antiseptiques. On trouve dans la thèse de M. Bourat (juin 1858) et dans un mémoire de M. Salleron, médecin principal de 1re classe, des observations nombreuses qui établissent les avantages du perchlorure de fer contre l'infection purulente; sa forme liquide le rend applicable dans bien des cas.

Le Dr Rodet, de Lyon, en ajoutant de l'acide citrique au perchlorure de fer, a fait une solution qui non seulement modifierait avantageusement les plaies, mais détruirait tous les poisons d'origine animale.

A peu près à la même époque, M. le Dr Bataillé (1859) vint proposer de nouveau l'emploi de l'alcool dans le pansement des plaies, pour prévenir l'infection purulente. *De l'alcool et de ses composés alcooliques en chirurgie, de leur influence sur la réunion immédiate des plaies.* Voici un extrait de ce que M. Bataillé écrivait à Malgaigne, *sur l'insalubrité des hôpitaux de Paris :* « Si les pansements de l'ancienne chirurgie avaient été si mauvais que nous l'avons dit, et les nôtres si excellents, il en résulterait que nous devrions avoir des résultats magnifiques, et que les anciens auraient dû avoir des résultats désastreux, c'est-à-dire, que les anciens auraient dû observer à chaque instant dans les plaies, dans les plus petites comme dans les plus grandes, les complications, l'érysipèle traumatique, l'angioleucite, le phlegmon diffus, le phlegmon des gaines tendineuses, l'infection purulente, la méningite traumatique etc... On devrait trouver dans Hippocrate, dans Guy de Chauliac, dans A. Paré, dans Dionis etc... des descriptions de ces maladies, des discussions, des mémoires sur leur nature, sur leur moyen de traitement, etc., etc... Quand est-ce que ces accidents sont étudiés avec soin, quand est-ce que tout le monde s'en occupe, quand est-ce qu'on fonde des prix pour l'étude de leur nature et de leur traitement? C'est depuis le commencement de ce siècle et depuis lors seulement. Cela n'indique-t-il pas clairement que la chirurgie de nos jours en proscrivant les pansements des anciens, en appliquant sur les plaies récentes le cérat, les cataplasmes, les émollients, a fait fausse route, et que c'est à elle, à elle seule, et non à l'architecture ou à l'hygiène générale, que l'on doit demander compte des désastres que l'on déplore? »

Pour apprécier les idées émises par M. Batailhé, le professeur Nélaton s'empressa d'essayer l'alcool et prouve, en effet, par de nombreuses observations cliniques qui furent publiées par MM. de Gaulejac et Chedevergne (*Gazette des hôpitaux* 1864, page 457), que la méthode des pansements à l'alcool avait une grande valeur et donnait des résultats meilleurs que tous les autres pansements employés d'habitude dans les hôpitaux. A cette occasion nous ferons remarquer qu'il en est de l'alcool, comme de toutes les teintures alcooliques, qu'il ne faut pas les employer toujours pures et qu'il faut s'étudier à régler leur force et leur emploi, suivant les circonstances et la nature des plaies.

En province, un médecin très distingué le Dr Le Cœur, de Caen, s'empresse d'expérimenter la plupart des teintures alcooliques dans le pansement des plaies et publie, vers la fin de 1864, une brochure intéressante sur ce sujet et intulée : *Des pansements à l'aide de l'alcool et teintures alcooliques, avantages de leur substitution aux émollients, aux onctueux, et autres modes de pansements usités de nos jours.* « Le cerveau encore tout enivré des fumées de l'encens que j'avais vu brûler, pendant le cours de mes études médicales (1827-1834), sur l'autel du physiologisme le plus pur j'aurais regardé comme un attentat aux doctrines alors en vigueur de panser les plaies autrement qu'à l'aide des émollients, des antiphlogistiques, des corps onctueux, *des pourrissants*, en un mot.» Le Dr Le Cœur rappelle les expériences de M. Batailhé sur les animaux vivants, le félicite d'avoir *inventé*, il aurait du dire d'avoir *rappelé*, ces pansements dans le but de prévenir l'infection purulente; c'est donc à tort qu'il lui attribue la réforme dans les pansements chirurgicaux, par l'alcool. Assurément on doit savoir gré à M. Batailhé des efforts qu'il a faits pour faire revivre une méthode qui est vieille comme le monde, mais d'autres avant lui étaient rentrés dans cette voie, M. Boinet, par exemple.

Cette question a encore été étudiée avec un grand soin par M. le professeur Perrin, au Val-de-Grâce. Après de nombreuses expériences sur l'emploi de l'alcool dens les plaies, il est venu proposer de nouveau, à l'Académie de médecine et à la Société de chirurgie, l'alcool dans le pansement des plaies. Seulement il a apporté à ce pansement une modification qu'il regarde comme très avantageuse, c'est de n'appliquer l'alcool qu'à 45 degrés par irrigation, goute à goutte, et d'une manière continue. Cette façon d'agir lui aurait fourni d'excellents résultats.

D'autres antiseptiques ont encore été proposés dans ces dernières années pour le pansement des plaies : le chloroorme, l'iodoforme, le salicylate de soude, le thymol, le baume du commandeur, l'essence d'eucalyptus, etc. Mais de tous ces antiseptiques, celui qui a fait le plus de bruit, c'est l'acide phénique. Nous allons nous en occuper d'une manière toute particulière, afin de rendre à chacun ce qui lui revient dans la découverte et dans l'emploi de cet antiseptique.

L'acide phénique est un produit du goudron de houille, autrement dit du coaltar, et sa découverte remonte déjà loin.

D'abord, qu'est-ce que l'acide phénique? quelle est sa composition et d'où provient-il? A qui appartient sa découverte, et à quel médecin doit-on faire l'honneur de son emploi dans le pansement des plaies?

L'acide phénique provient donc du goudron de houille; mais, comme le fait remarquer en passant le rédacteur du *Journal des connaissances médico-chirurgicales*, 15 août 1859; goudron de houille est un vieux mot français qui ne fait pas bien comprendre d'où l'on tire le goudron de houille, tandis que le nom de *coaltar* (koal-tar) que lui ont donné les Anglais se rattache à l'industrie du charbon de terre (coal) et des chemins de fer; alors depuis que le goudron de houille a changé de nom et qu'il a été baptisé koaltar, il n'a plus été une découverte française, mais bien un produit anglais. C'est sans doute le motif qui engage certains chirurgiens français à attribuer à des chirurgiens anglais la découverte de l'acide phénique et son emploi en chirurgie; mais quelle est la vérité sur ce point?

Parmi les corps que le goudron de houille renferme, on trouve des huiles qui varient suivant la nature des charbons distillés, des hydro-carbures qui sont employés pour la conservation du bois, des essences, des huiles qui servent pour le dégraissage (la benzine) ou la fabrication des couleurs, on y trouve des *phénols*.

C'est en 1785 que Philippe Lebon, ingénieur français, eut l'idée d'utiliser les produits gazeux combustibles pour les usages économiques, et qu'il avait indiqué la houille comme propre à remplacer le charbon. En 1792, Murdock, en Angleterre, put montrer l'éclairage au gaz de la houille, la distillation des combustibles minéraux, et ce ne fut qu'en 1798 que l'éclairage au gaz de la houille fut sérieusement appliqué. Bien avant ces recherches, en 1657, Glauber avait employé le goudron de bois pour la conservation du bois, et avait reconnu que le goudron du bouleau était riche en phénol. Telle est la première phase de la découverte des huiles, des essences, des hydro-carbures, des produits gazeux combustibles, des phénols dans le goudron de houille.

La seconde phase, ou celle des applications à l'industrie et à la chirurgie, date presque de nos jours; elle remonte à 1815, où la propriété antiseptique du goudron minéral est reconnue par Chaumette. En 1833, M. Guibourt, et en 1834 M. Siret, signalent sa propriété désinfectante. En 1844, le Dr Bayard est couronné par la Société d'encouragement pour sa poudre composée de coaltar, de sulfate de fer, d'argile et de plâtre, dont il faisait des applications à la désinfection.

Dans un ouvrage de Liebig, intitulé « *Chimie appliquée à la physiologie végétale et à l'agriculture* » on trouve les renseignements suivants : « Les acides minéraux et les acides végétaux non volatils, ainsi que les sels minéraux à bases alcalines, ont la propriété d'empêcher, s'ils se trouvent en certaine quantité, les phénomènes de pourriture ; en quantité plus petite, ils en ralentissent et en arrêtent la marche ; enfin, dans les corps vivants ils manifestent une action pareille à celle des sels végétaux neutres, seulement la cause de cette action n'est pas la même. » (P. 49. — 1844.)

Dans son *Traité de chimie, publié en* 1846, M. Dumas s'exprime ainsi, 8e *volume, page* 952 : « Plusieurs substances entravent la putréfaction, on les désigne sous le nom de *antiseptiques*. Nous citerons particulièrement les acides minéraux, un grand nombre de sels parmi lesquels il faut remarquer surtout le chlorure de sodium, les sels d'alumine, de fer et de mercure, les substances aromatiques, les huiles empyreumatiques, la créosote, l'essence de térébenthine, l'alcool, etc., etc. Toutes ces substances agissent soit en se combinant avec la matière animale pour former des composés plus stables, soit en s'emparant de l'eau, soit en coagulant et en contractant le tissu animal, et en facilitant sa dessiccation...... » ; à la page 756 : « Tout le monde sait que la fumigation est un excellent moyen de conservation des viandes. Il paraît certain que c'est surtout la créosote (un produit du goudron de houille) qui communique à la fumée des propriétés antiseptiques.

Ce corps possède, en effet, la propriété de coaguler l'albumine et de rendre imputrescibles toutes les substances animales. »

Dans son *Dictionnaire de chimie pure et appliquée*, M. Wurtz (*article Phénol, t. II*, 1873) dit que cette substance a été obtenue d'abord par Runge à l'état impur et qu'il l'a désignée sous le nom d'acide carbolique ; et qu'ensuite le phénol a été étudié par Laurent, qui le prépara à l'état de pureté, l'analysa, décrivit ses propriétés et prépara un grand nombre de ses dérivés. C'est donc à Laurent que l'on doit la connaissance exacte de ce corps important. On savait depuis longtemps, comme nous l'avons rappelé plus haut, que le phénol provient des huiles de houille, obtenues dans la distillation du goudron produit dans la préparation du gaz d'éclairage, de là le nom d'hydrate de phényle ou acide phénique, donné par Laurent.

Les choses en étaient là, lorsqu'on 1858, M. Corne, d'après le professeur Velpeau, prit un brevet pour un mélange fait en quantité précise de plâtre et de goudron minéral qu'il proposait d'appliquer à la désinfection et à la solidification des matières animales, et ce n'est qu'en 1859 que M. le Dr Demeaux eut lepremier l'idée d'appliquer la poudre de M. Corne aux pansements des plaies fetides. Mais ce mélange, qui jouit sans conteste des propriétés désinfectantes, est d'un emploi difficile, comme toutes les poudres qui contiennent du coaltar, et son application ne pouvait être faite qu'aux plaies superficielles.

Les premiers essais de MM. Corne et Demeaux furent faits dans le service de Velpeau, à l'hôpital de la Charité ; la poudre qu'ils employaient était composée de 100 parties de plâtre pulvérisé et de 2 à 3 parties de coaltar ou goudron de houille. Appliquée sur des plaies de mauvais aspect, sur des ulcères cancéreux, elle les a désinfectés subitement ; mêlée à un amas infect de pus de très mauvaise nature et de sang, elle l'a solidifié sur-le-champ et lui a ôté toute odeur. Cette poudre antiseptique, additionnée d'axonge, d'huile ou de cérat, devient un désinfectant qui n'exerce aucune irritation sur les tissus.

Au moment où avaient lieu ces expériences, M. Renault, d'Alfort (gaz. hebd. de méd. et de chir., 1862, p. 646), vint annoncer à l'Académie qu'avec le goudron végétal on avait une désinfection encore plus parfaite. Mais qu'on veuille bien ne pas perdre de vue que le goudron ordinaire est un produit de coaltar et le goudron végétal, un produit du charbon de bois.

Ce fut vers cette époque que M. Lebœuf eut l'idée de substituer à ces mélanges une forme liquide ayant l'eau pour véhicule et qu'il proposa *l'émulsion de coaltar saponiné*. Pour préparer cette émulsion, il faut ajouter 1 partie de teinture de coaltar saponiné et 4 parties d'eau; et pour préparer la teinture de coaltar saponiné, on ajoute 1,000 grammes de goudron de houille à 2,400 grammes de teinture alcoolique de saponine; on fait digérer le tout dans l'eau tiède pendant huit jours, en remuant de temps en temps et on filtre. La teinture de saponine se prépare avec : écorces de quillaya, 2 kilogrammes, d'alcool à 90°, 8 litres; on fait chauffer jusqu'à ébulition et on filtre.

M. Lebœuf appelle émulsion au cinquième ou émulsion mère, cette préparation qu'il suffit d'agiter pour obtenir une émulsion stable. En y ajoutant de l'eau, on peut faire des émulsions au dixième, au vingtième suivant les besoins. C'est cette préparation perfectionnée que M. Jules Lemaire a d'abord employée, mais il était important de savoir si cette préparation conservait les propriétés du goudron. Dans une analyse qualitative, que fit M. Detraux, pharmacien distingué, il constata « que la teinture de coaltar saponiné, contient principalement de la benzine, de la napthaline, de *l'acide phénique*, de l'aniline, divers hydro-carbures huileux, etc. Alors M. Lemaire fait usage de l'acide phénique qu'il signale comme un désinfectant énergique, et comme un insecticide remarquable qui a la propriété de tuer le pediculus capitis et le pediculus pubis, ainsi qu'il l'a observé chez plusisurs malades en faisant des lotions avec la teinture de coaltar saponiné. C'est à cette époque (1860) que M. Lemaire a publié ses observations intitulées « *Du coaltar saponiné, désinfectant énergique, arrêtant la fermentation.* » En 1863, M. Lemaire consigna dans un travail sur l'acide phénique les nombreux faits cliniques qu'il a traité par cet acide. Il l'a employé pour le traitement des cancers ulcérés, des anthrax, dans les plaies d'amputations et autres, pour le phlegmon diffus, dans des gangrènes traumatiques, des trajets fistuleux, etc, etc. Il recommande de l'employer soit en topique, soit en injection et insiste d'une manière toute spéciale sur les propriétés antiseptiques de cet agent.

Aux observations de M. Lemaire sont venues se joindre celles de M. Darricau, chef du service de chirurgie à l'hôpital civil de Bayonne, et celles de M. le Dr Petit, chirurgien adjoint au même hôpital. (Gaz. hebd. de méd. et de chir. 1862, p. 708.) Celui-ci fait observer que les lavages au moyen de l'émulsion de coaltar, additionné d'eau, dissipe les mauvaises émanations sans contrarier l'action réparatrice dans les plaies. Il a aussi remarqué, avec la plupart des employés de l'hôpital, la disparition dans l'atmosphère des salles de chirurgie des miasmes qui les empoisonnaient précédemment, depuis qu'il faisait usage de l'émulsion du coaltar saponiné, qu'il déclare douée de propriétés désinfectantes, antiputrides et cicatrisantes.

S'il est vrai que dans plusieurs usines à gaz les employés n'ont pas été atteints du choléra et que dans les salles où l'on fait usage du coaltar saponiné et de l'acide phenique, la disparition dans l'atmosphère des miasmes qui les empoisonnent a eu lieu, il serait très important pour prévenir et guérir les maladies qu'on dit être dues à des germes, à des vibrions, de répandre des vapeurs d'acide phénique dans les salles où sont placés les malades, puisque le coaltar saponiné et l'acide phénique ont la propriété de faire périr tous les germes qui voltigent dans l'air et qui seraient la cause soit de la fièvre typhoïde, soit des fièvres puerpérales, soit de la suppuration et de l'infection purulente, etc., etc.

En 1859, Menière a publié (*Gazette médicale*, p. 779 et 811), un mémoire sur le coaltar saponiné, et rapporte plusieurs observations à l'avantage de cet agent de désinfection.

On lit dans le *Bulletin général de thérapeutique*, 1860, p. 261 : La propriété antiputride du coalter ou goudron de houille, étant due à l'acide phénique, un chimiste, M. Parisel, propose dans sa revue pharmaceutique du Moniteur des sciences, de faire usage de préférence de cet acide pour hâter la cicatrisation des plaies et donne la formule suivante :

Farine de froment . . .	100 grammes.
Acide phénique.	1 gramme.
Axonge	4 grammes.

L'acide serait trituré avec l'axonge et mêlé à la farine. Ce mélange aurait l'avantage de n'être pas salissant comme l'est celui de MM. Corne et Demeaux, et conviendrait mieux, selon l'auteur, aux plaies vives et aux ulcères ordinaires.

Plus tard, en 1868, M. Parisel publie un autre mémoire,

intitulé : *Propriétés thérapeutiques de l'acide picrique.* Il a reconnu les propriétés antiseptiques et antiputrides énergiques de l'acide picrique sur la chair musculaire qui se conserve indéfiniment au sein d'une solution aqueuse de cette substance. Pendant une année, il a conservé intact un cervelet de mouton macéré dans cette solution ; elle est toxique pour les animaux inférieurs. Le vrai nom chimique est l'acide trinitro-phénique, se préparant avec une partie d'acide phénique, deux parties d'acide azotique et une partie d'eau.

Dans le *Bulletin général de thérapeutique*, 1867, *page* 380, on lit l'extrait d'une clinique du Dr Bottini, chirurgien à l'hôpital majeur de Navarre, dans laquelle il dit avoir expérimenté l'acide phénique dans le traitement des plaies sur 600 malades, et a observé qu'il modifiait la surface suppurante et hâtait la cicatrisation. Il rapporte de nombreuses observations de plaies gangréneuses, de phlegmons diffus, de nécroses qui s'étaient améliorées à vue d'œil sous l'action de la solution suivante : 2 à 5 parties d'acide phénique pour 100 parties d'eau. A l'aide d'une solution au centième injectée dans la vessie, il a obtenu des guérisons inespérées de cystites rebelles. Etudiant avec le microscope les modifications survenues dans le pus et dans l'urine après l'application de la solution phéniquée, l'auteur a constaté l'absence de myriades de zoophites et d'espèces de penicillium glaucum, qui s'y trouvaient avant l'injection.

Encore en 1867 (6 *décembre*, *Gazette des hôpitaux*) M. Maisonneuve publie des observations de pansements des plaies par l'acide phénique.

Dans la même année (*Bulletin général de thérapeutique*, *page* 88) M. Tillaux emploie la charpie carbonifère dans le pansement des plaies.

Dans un livre intitulé : *Chirurgie antiseptique*, et publié en 1880, M. Lucas-Championnière a raconté avec enthousiasme l'odyssée de l'acide phénique, et affirme que l'infection purulente a disparu des hôpitaux, dans les services où la méthode antiseptique, qu'il appelle de Lister, est mise en usage, que c'est à ce chirurgien que l'on doit la méthode antiseptique, la réunion des plaies, le drainage, mais surtout l'usage des antiseptiques puissants. Malgré tout le désir qu'éprouve M. Lucas-Championnière, d'attribuer la méthode antiseptique à Lister, il ne peut faire remonter la première application du chirurgien anglais qu'au mois de septembre 1867. (*Lancet,* 1867, *tome* II, *on the antiseptic principle in the pratice of surgery.*) Nous avons vu dans l'historique que nous avons fait que, depuis 1840, les antiseptiques étaient appliqués en France sur les plaies, dans les trajets fistuleux, les abcès de toute nature, les abcès par congestion, et que ce n'est qu'en 1871 que M. Lister fait connaître l'emploi de la pulvérisation. Avant cette époque, il pansait donc les plaies et employait l'acide phénique, comme tout le monde.

Voici sur ce sujet l'opinion d'un savant chirurgien, qui connaissait à fond la littérature médicale étrangère, Giraldès ; dans une leçon clinique qu'il fit à l'hôpital des Enfants, sur les *différents modes de pansements des plaies et en particulier par l'acide phénique et l'acide thymique. Mouvement médical,* 1869, *page* 172), il s'exprime ainsi : « Pendant quelque temps on a attribué à Lister (de Glascow) la première application de l'acide phénique dans le traitement des blessures. Mais ce chirurgien auquel revient, du reste, le mérite d'avoir vulgarisé ce médicament s'est fait une illusion. Dans un mémoire lu à la session de l'Association de médecine tenue à Dublin, il semble ignorer ce qui a été accompli avant lui. Mais, ainsi que l'a prouvé Simpson, ce mode de pansement avait déjà été employé par M. Lemaire. Ce médecin en 1859 et 1860 avait appliqué le coaltar, préparation qui doit son action à l'acide phénique. Or, ce n'est qu'en 1866 que Lister s'est servi de cet agent qui bientôt après fut employé en Allemagne, sous le nom de *spirol* par Kuchenmeister : donc l'honneur de l'introduction de ce médicament dans le traitement des plaies revient sans conteste *au médecin français*, et l'extension au chirurgien de Glascow.

L'acide phénique combinè avec l'alcool donne d'excellents résultats dans le pansement des plaies qui sont nettes et propres. Il diminue la suppuration grâce à l'alcool qui lui sert en quelque sorte de véhicule et coagule l'albumine ; l'acide phénique détruit les monades, les vibrions, et empêche partout la fermentation. La pratique aussi bien que la théorie conseille l'acide phénique.

Dans notre service, nous employons une solution composée de :

Huile d'olives. . . . . 4 grammes.
Acide phénique. . . . 1 gramme

et une solutiond'acide phénique au 20me ou au 50me.

Depuis quelque temps nous remplaçons l'acide phénique par l'acide thymique. Les essais tentés jusqu'a ce jour me paraissent démontrer que cette susbtitution est excellente c'est-à-dire que les bénéfices retirés de l'acide thymi que sont supérieurs à ceux que l'on obtient avec l'autre préparation.

La solution prescrite est ainsi formulée.

Acide thymique. . . . . 2 à 4 grammes
Alcool. . . . . 100 grammes.
Eau . . . . 900 grammes, »

En 1864 M. Lister employait l'hypochlorite de chaux dans dans le traitement des plaies ; dans ses procédés pour l'acide phénique, il n'y de nouveau que la mise en scène, qu'il a inventée depuis 1871. Avant, il agissait à peu près comme tous ceux qui l'avaient devancé dans cette voie.

Parce que M. Lister a ajouté quelques accessoires à la méthode antiseptique, peut-on dire que cette méthode lui appartient ? Serait-ce par hasard parce qu'il se sert d'un pulvérisateur, pour appliquer l'acide phénique sur une plaie ?... Dans ce cas, un autre viendra avec un nouvel instrument pour appliquer, soit l'acide phénique, soit un nouvel antiseptique et dira qu'il est l'auteur de la méthode antiseptique, que sa méthode seule guérit l'infection purulente, etc. Alors on demandera pour lui une statue d'or. Le seul progrès qu'on pourrait attribuer à M. Lister, si c'en est un, consisterait dans la manière dont il applique l'acide phénique. Quant aux vues théoriques sur lesquelles est basée la méthode antiseptique, la fermentation ou l'existence des germes, on les trouve indiquées et décrites dans de nombreux ouvrages, et c'est bien à tort que M. Lucas-Championnière dit que Lister a pris dans la pratique hospitalière de son hôpital l'idée de la méthode qui lui a valu tant de succès. Tenir ce langage, n'est-ce pas supposer que M. Lister ignorait tout ce qui avait été fait avant lui, puisque lui-même passe sous silence les travaux de ses devanciers sur la méthode antiseptique. Ainsi au Congrès M. Lister, se presente comme l'auteur du pansement des plaies par l'acide phénique, et dans un compte rendu du congrès d'Amsterdam, (*Gazette hebdomadaire de médecine et de chirurgie*, 1879, *page* 651,) un médecin qui a assez d'érudition pour rappeler à un bon bourgeois, qui n'était pas obligé de le savoir, qu'Ambroise Paré était mort en 1590, oublie que la méthode antiseptique existait avant Lister, et bat des mains lorsque ce chirurgien se fait honneur de cette méthode. Il aurait sans doute calmé son enthousiasme immodérée, si, rendant justice à ses compatriotes, il avait rappelé à l'illustre chirurgien d'Edimbourg que le pansement des plaies par l'acide phénique est d'origine française.

L'idée de s'opposer à l'infection purulente soit par l'acide phénique appliquée dans le pansement des plaies, soit par d'autres antiseptiques, n'appartient donc pas au chirurgien anglais. Ceux qui l'oublient soit involontairement, soit volontairement pour ne pas en laisser l'honneur à leur compatriote, ne manquent-ils pas de justice ? Nous rappellerons donc que le pansement dit aujourd'hui de Lister n'est qu'un des cent modes de pansement de la méthode antiseptique, que cette méthode est eminemment française et qu'elle se trouve consignée dans tous les livres anciens, dans les mémoires de l'ancienne Académie de chichirurgie, dans plusieurs ouvrages contemporains de MM. Boinet, Parisel, Lemaire, Batailhé, etc., etc... Si nos faibles efforts peuvent contribuer à faire rendre à César ce qui appartient à Cesar, nous nous estimerons très heureux.

Maintenant nous allons décrire les deux procédés employés par M. Lister ; le premier qu'il a pratiqué jusqu'en 1871, et le second qu'il emploie depuis cette époque.

Les lambeaux de la plaie sont réunis avec des fils métalliques ou avec des fils de soie enduits de cire phéniquée. On applique immédiatement sur la plaie une bande de *lint*, trempée dans une huile phéniquée très concentrée, savoir : huile de lin bouillie, cinq parties ; acide phénique, une partie. Par dessus cette première couche, on en met une seconde qui consiste en une espèce de mastic, fait avec l'huile phéniquée précédente et du sous-carbonate de chaux ; ce mastic est mis entre deux linges et déborde le premier pansement de 4 à 6 millimètres. Un tissu imperméable peut recouvrir le tout. Tel est le pansement primitif de M. Lister; il lui apporta lui-même successivement plusieurs modifications. Au mélange de sous-carbonate de chaux et d'huile phéniquée, il a substitué deux substances emplastiques, l'une composée d'acide phénique : on l'étale sur une toile comme le diachylon ; l'autre composée de laques en écailles, trois parties, pour une partie d'acide phénique cristallisée. Des plaques minces sont faites avec cette pâte : sur l'une des faces on étend une couche de gutta-percha ; sur l'autre on met des feuilles de paillon d'étain. Ces feuilles phéniquées sont maintenues à l'aide de bandelettes emplastiques qui les tiennent appliquées sur la solution de continuité.

Ensuite M. Lister a fait usage de l'*anteseptic gauze*, tissu de coton lâche imprégné d'acide phénique, mélée de résine et de parafine. Au-dessus de ce tissu de coton dont on dispose sept à huit couches, on met une toile imperméable.

M. Lister, enfin, conseille maintenant de panser les plaies de la façon suivante. Deux solutions d'acide phénique doivent être préparées d'avance, l'une forte à 5 0/0, l'autre faible à 2,50 0/0. Après avoir plongé les instruments, les éponges et tous les objets nécessaires qui doivent être mis en contact avec la plaie, dans la solution forte, on nettoie le champ opératoire avec la même solution. On se lave les mains dans la solution faible et on maintient un atmosphère antiseptique en pulvérisant la solution phéniquée.

Pendant l'opération, on entretient la pulvérisation, on fait la ligature avec le *catgut*; quand on a terminé, on lave la plaie avec la solution forte et on met un ou plusieurs drains. La suture des bords de la plaie est généralement faite avec des fils d'argent ; souvent M. Lister y ajoute une suture profonde, constituée par un grand fil d'argent qui à ses extrémités traverse une plaque de plomb et s'enroule sur elle. Ensuite, le *protective plaster*, tissu spécial formé de soie huilée, recouverte des deux côtés par du vernis copal, le tout enduit d'une légère couche de dextrine, est mouillé dans la solution forte et appliqué sur la plaie ; au-dessus du protective, on met quelques fragments de *gaz antiseptique*, trempés dans la solution faible ; enfin, on ajoute huit feuilles de la même gaze humectée de solution faible du côté qui répond à la plaie et aux téguments. Un morceau de toile imperméable, *mackintosh*, dont la surface lisse est vers la plaie, doit être interposé entre la septième et la huitième feuille de gaze. Le pansement sera fixé en place avec des bandes faites de gaze. M. Lister applique aussi une bande de caoutchouc, seulement aux extrémités du pansement, afin que l'air ne filtre pas entre le pansement et le membre.

M. le professeur Verneuil a modifié d'une façon très avantageuse le pansement de Lister; dans une communication faite à l'Académie de médecine, le 30 octobre 1878, il a exposé de la façon suivante la pratique qu'il a adoptée : « Aussitôt l'opération terminée et le sang arrêté, je recouvre la plaie et ses bords de petites pièces de grosse mousseline à cataplasme juxtaposées et imbibées d'eau... On applique sur cette couche mince et perméable des plumasseaux de charpie trempés dans un liquide antiseptique (eau alcoolisée, phéniquée, camphrée) et formant une seconde couche de quelques centimètres d'épaisseur. Par-dessus s'étale une pièce de ouate assez épaisse, puis un morceau de taffetas gommé et enfin un bandage contentif aussi simple que possible... Plusieurs fois dans la journée, on soulève toutes ces couches stratifiées, *jusqu'à la charpie exclusivement*, et on imbibe cette dernière du fluide désinfectant. On replace les couches extérieures... Dès le lendemain ou surlendemain, au plus tard, on peut sans irriter la plaie qui est protégée par la mousseline, et sans causer la moindre douleur, enlever la première charpie et la renouveler seulement tous les matins. Le quatrième jour, la mousseline elle-même, imprégnée de pus, se détache sans peine de la couche granuleuse qui, d'ordinaire, à cette époque est entièrement formée à peu près. »

Tel est le pansement que recommande l'éminent professeur ; il est applicable à toutes les régions du corps, à toutes les variétés de traumatismes accidentels ou chirurgicaux. Il permet une surveillance plus précise que le pansement de Lister, il est aussi plus simple et d'une exécution plus facile. C'est *le pansement à plat*, dans toute sa rigueur, ne cherchant qu'une réunion secondaire.

Aujourd'hui médecins et chirurgiens marchent de pair, ils font de communes études, et nous ne sommes plus au temps où de la Peyronie, sollicitant la protection du chancelier d'Aguesseau en faveur des chirurgiens, lui disait : « Il faut élever entre la médecine et la chirurgie un mur de séparation, qui empêche toute communication de l'une et de l'autre. » (Trib. méd., p. 583, 1879.) La chirurgie tend chaque jour à devenir de plus en plus conservatrice ; le chirurgien ne se borne plus à traiter les maladies chirurgicales par les opérations seulement, il étudie les moyens thérapeutiques qui peuvent servir soit à éviter les opérations, soit à rendre celles-ci plus heureuses dans leurs résultats. M. le professeur Verneuil a mis en relief cette proposition : « que si chez les sujets sains. il n'y a que deux sources de dangers, la blessure et le milieu, il faut en ajouter une troisième chez le sujet malade, c'est-à-dire, son état constitutionnel ou sa propathie. » (*Revue mensuelle de médecine et de chirurgie*, page 7, t. IV, 1880.) Le savant chirurgien de l'hôpital de la Pitié enseigne donc qu'il faut, comme le médecin, examiner le malade *a capite ad calcem*, *intus et extra* ; et aujourd'hui, il n'est plus permis à un chirurgien de ne pas être en même temps un médecin instruit, armé quand il le faut, mais le moins souvent possible.

IV

Il nous reste maintenant à examiner comment les antiseptiques agissent sur les plaies ; pour bien comprendre cette action, disons ce que nous entendons par infection purulente et quelles sont les conditions qui peuvent favoriser son existence.

Un premier fait généralement admis et qui est capital dans cette question, c'est le suivant : point de plaies, point d'infection purulente, quel que soit le milieu où se trouve le malade. Là au contraire où il y a plaie, quelque petite qu'elle soit, une simple piqûre, il y a crainte d'une infection purulente. Cela étant, on peut donc soutenir que l'infection purulente ne devient possible que lorsque la peau ou une muqueuse est entamée, détruite, que les vaisseaux capillaires sont lésés, ouverts et exposés au contact de l'air, et devenus le siège de la suppuration, quelque minime qu'elle soit. C'est parce que les chirurgiens sont convaincus de ces faits, qu'ils se sont ingéniés à trouver des moyens capables d'arrêter l'infection purulente et qu'ils ont proposé pour arriver à ce résultat différents modes de pansements, cherchant le plus souvent à mettre les plaies dans les conditions de celles qui ne sont pas exposées au contact de l'air. Ils ont compris, s'appuyant sur de nombreux faits, que s'ils pouvaient fermer une plaie, dès qu'elle est faite, ils pourraient empêcher l'infection purulente, ou bien que s'ils pouvaient, la plaie étant en suppuration, empêcher l'absorption du pus, ils arriveraient encore à mettre le blessé à l'abri de l'intoxication purulente. D'où l'indication dès qu'il y a plaie, qu'elle soit accidentelle ou chirurgicale, de la mettre le plus promptement possible à l'abri du contact de l'air et avant que la suppuration n'ait commencé, de pouvoir, si celle-ci s'est produite, la diminuer, l'empêcher de prendre de mauvaises qualités et même détruire ces mauvaises qualités, si elles se développent afin d'empêcher l'infection purulente.

La suppuration sous l'influence de la fermentation, et d'une infinité d'autres causes, peut devenir un véritable poison qui, absorbé par la plaie, empoisonne toute l'économie. C'est ce poison purulent qui tue le malade et quoiqu'on ne puisse le démontrer ni par l'analyse chimique, ni par le microscope, pas plus qu'on ne peut découvrir dans le pus du chancre, de la variole, du vaccin, de la rage, etc., le virus ou venin, en un mot, le principe virulent qu'il renferme et qui transmet l'infection syphilitique, varioleuse, rabique ; de même on ne peut voir dans le pus virulent le principe qui engendre l'infection purulente. Ce virus purulent s'introduit dans la circulation, comme le virus du chancre, par une plaie, une écorchure, une piqûre, et, une fois introduit dans le sang, il l'empoisonne et lui fait subir progressivement ces états pathologiques que nous rencontrons principalement dans les vaisseaux capillaires des organes les plus vasculaires et que nous constatons sous forme de petites taches ecchymotiques, de petites induratons, d'abcès dits métastatiques, etc. Ainsi, étant donné une plaie suppurante, dont le pus est malade, altéré, si ce pus est absorbé, l'infection purulente ne tarde pas à commencer, ce qui est annoncé par de la fièvre, des frissons, etc.

Or pour quiconque ne considère pas l'infection purulente comme une fièvre essentielle, une fièvre purulente, mais comme une intoxication due à l'absorption des principes malfaisants du pus, il admettra facilement que, là ou il n'y a pas de plaies en suppuration, il ne peut y avoir infection purulente, non pas que nons admettions le passage des globules du pus dans le sang, par l'ouverture béante des vaisseaux capillaires ou autres, mécaniquement divisés, mais l'introduction dans le sang, par absorption des éléments nouveaux, qui se forment dans le pus, par sa fermentation, sa putréfaction, son altération et sa décomposition. C'est cette transformation morbifique du pus, que les antiseptiques ont pour effet d'empêcher d'abord, et d'arrêter ensuite quand elle existe. D'ailleurs, quel que soit ce nouveau produit, qu'il soit un virus que M. le professeur Verneuil appelle *sepsine* ou un miasme, comme le veulent d'autres chirurgiens et M. Alphonse Guérin ; que le pus soit engendré par des bactéries, des vibrions ou des germes répandus dans l'air, comme l'affirme M. Pasteur, ou que ces germes ou ces vibrions proviennent du pus, etc., peu importe au chirurgien, s'il peut arriver à mettre l'économie à l'abri de ce pus malfaisant, qui dans tous les cas n'est qu'un véritable poison.

Le chirurgien doit donc instituer un traitement qui puisse préserver, autant que possible, les malades de l'infection purulente ; il doit donc chercher un moyen quelconque d'empêcher :

1° La formation du pus,

2° Sa décomposition, lorsqu'il est formé,

3° Son absorption.

Ce moyen ou plutôt ces moyens existent; ils ne sont pas nouveaux et fournissent tous les jours à ceux qui les mettent en usage des résultats très satisfaisants. Ils ont pour but et pour effet dans toute plaie récente et qui n'a pas suppuré :

1° D'arrêter l'exsudation sanguine et séreuse de la plaie.

2° De produire un coagulum immédiat à la surface de la plaie, coagulum qui obstrue toutes les bouches béantes de tous les vaisseaux capillaires, sanguins ou lymphatiques.

3° De coaguler dans l'extrémité ouverte de ces vaisseaux le sang, l'albumine et la sérosité, coagulation qui oblitère instantanément tous les vaisseaux, lesquels, bouchés par un caillot sanguin, ne peuvent plus ni permettre le suintement du sang, ni absorber les liquides de la plaie au moins momentanément.

4° De diminuer considérablement l'inflammation, de l'empêcher même et d'éviter ainsi la suppuration.

i 5° De l'opposer à l'altération du pus, dans une plaie qu suppure, et de plus, si ce pus s'altère et devient malfaisant, de le modifier avantageusement et de lui ôter les mauvaises qualités qu'il a acquises.

6° Enfin de modifier promptement les surfaces suppurantes et de les mettre dans des conditions meilleures pour la cicatrisation.

Tous ces moyens concourent donc à un but final qui est le point capital : s'opposer à l'infection purulente.

Pour obtenir de tels résultats, les faits démontrent qu'il faut appliquer sur les plaies récentes ou anciennes des liquides astringents, coagulants, antiseptiques, antiputrides, capables de pénétrer dans toute l'étendue d'une plaie, dans ses anfractuosités les plus profondes, sans nuire à sa cicatrisation. On comprend que ces liquides, en resserrant la bouche béante des vaisseaux capillaires, en coagulant le sang dans leurs extrémités divisées, les obstruent en formant de petites caillots protecteurs, fixes et tout à fait limités qui s'unissent aux parois des vaisseaux capillaires, et l'inflammation, au lieu de deveuir suppurative, se borne à n'être qu'adhésive. Ainsi bouchés, oblitérés, ils préviennent la phlébite, les angioleucites, les érysipèles, et s'opposent à l'absorption des liquides sécrétés dans la plaie.

Le traitement par les antiseptiques, tout en ne négligeant pas de combattre l'action nuisible de l'air et de protéger la plaie contre elle, neutralise chaque jour la viciation du pus. Si elle se produit, il arrête le mouvement initial de décomposition, c'est-à-dire l'inflammation, la fermentation, et, de plus, tend à fermer les bouches béantes des vaisseaux par où le poison pourrait pénétrer dans l'économie.

Comme nous l'avons déjà fait remarquer, les liquides qui réunissent ces propriétés astringentes, antiseptiques, sont déjà très nombreux, et la chimie dans ses progrès peut encore en faire découvrir de nouveaux. La plus grande part des bons effets produits par les teintures alcooliques revient à l'alcool. Mais l'addition par solution à l'alcool lui-même de certaines substances résineuses, astringentes, balsamiques, caustiques ou autres, augmentent ces bons effets. Bien des teintures alcooliques sont supérieures à l'alcool simple ; d'ailleurs il faut, suivant les circonstances, modifier leur application, les atténuer, les augmenter ou mitiger leur degré de force, en un mot, se conduire suivant les effets qu'ils produisent, selon les occurrences qu'il est impossible de préciser théoriquement à l'avance et que la pratique seule peut enseigner.

En général, les teintures que l'on doit employer, qu'elles soient aqueuses ou alcooliques, celles qui réussissent le mieux sont celles dans la confection desquelles l'alcool est employé à un titre un peu élevé, ou celles qui contiennent en dissolution le plus de certains principes astringents, caustiques, balsamiques, résineux ou résinoïdes ; ces principes étant doués de propriétés antiseptiques et cicatrisantes.

Maintenant, si nous considérons les antiseptiques au point de vue des effets qu'on se propose d'obtenir, c'est-à-dire une guérison plus prompte, la question, comme nous l'avons déjà dit, n'est pas absolument nouvelle. L'ancienne Académie de chirurgie avait déjà proposé de déterminer ce qu'étaient les remèdes détersifs, dessicatifs, caustiques, etc., d'expliquer leur manière d'agir, et de marquer leurs usages dans les maladies chirurgicales. Or, comme les détersifs, les dessicatifs et les caustiques ne sont pas autre chose que des antiseptiques, des antiputrides, on comprendra facilement que tous ces remèdes doivent agir à peu près de la même manière et qu'ils ont entre eux une grande ressemblance au point de vue du résultat.

Mais avant d'étudier les effets qu'ils produisent sur les plaies, disons un mot des différences que présentent les plaies suivant qu'elles sont récentes, exemptes d'inflammation et de suppuration, ou bien suivant qu'elles sont enflammées ou suppurantes.

Toute plaie, en effet, offre plusieurs phénomènes bien distincts à étudier. D'abord, et au moment où elle vient d'être faite, elle laisse écouler du sang, de la sérosité. Dans cet état elle n'a encore subi aucune modification, et si l'on peut la réunir complètement elle guérit promptement et sans suppurer. Quelques heures plus tard, si elle n'est pas réunie, l'écoulement sanguin cesse et est remplacé par le suintement d'une matière aqueuse, séreuse, qui est ce qu'on appelle de la lymphe plastique. Si à cette époque on peut réunir la plaie, l'adhésion des parties divisées pourra encore se faire sans suppuration, mais si on la laisse plus longtemps exposée à l'air, environ douze à quinze heures, l'inflammation commence et les liquides qui s'écoulent de la plaie ont subi des modifications qui les transforment bientôt en matière purulente.

Si à ce moment et avant que le pus soit formé, on tente encore la réunion, on pourra peut-être l'obtenir encore, mais on court de grands risques de la voir empêchée par la suppuration, Enfin si la plaie reste continuellement *exposée*, suivant l'expression de Hunter, l'inflammation et la suppuration arrivent fatalement. Alors commence une quatrième période qui se manifeste par le gonflement des bords et du fond de la plaie dû à la stase du sang dans les vaissaux capillaires, ils se gonflent, se dilatent et subissent certaines modifications spéciales qui amènent la suppuration. A ce moment les vaisseaux ne sont encore que modifiés et retiennent encore beaucoup de la forme qu'ils ont revêtu dans les premières périodes, il existe de la lymphe plastique mêlée à la matière purulente, et quelquefois, dans ces cas, on peut encore obtenir la réunion de la plaie, mais beaucoup moins fréquemment que dans les trois premières périodes, parce que l'inflammation existe et que la période suppurative a commencé. Les matières de l'écoulement (sang, sérosité, lymphe plastique) ont subi un commencement de fermentation et sont devenues un véritable corps étranger, du pus, qui ne peut plus rentrer dans l'économie sans de graves inconvénients. C'est surtout quand cette matière purulente est altérée, que tous les efforts du chirurgien doivent tendre à faire disparaître cette altération, et à l'empêcher lorsqu'elle n'existe pas. Pour arriver à ce résultat, il doit s'efforcer de modifier la surface de la plaie et les vaisseaux qui sécrètent le pus, jusqu'à ce qu'ils aient atteint les conditions qui les rendent propres à former du pus de bonne nature. C'est dans ce but que les astringents, les détersifs, les caustiques, les antiseptiques et les antriputrides sont employés.

D'après ces considérations pathologiques, il faut donc, lorsqu'une plaie vient d'être faite ;

1° La réunir par première intention, si c'est possible, afin de s'opposer à son inflammation et à sa suppuration.

2° Empêcher l'inflammation et la suppuration, si on ne peut la réunir complètement.

3° Enfin si elle suppure, et surtout si cette suppuration devient de mauvaise nature, chercher à la modifier ainsi que les surfaces qui la sécrètent, tout en combattant, bien entendu, toutes les causes qui ont pu altérer le pus.

Ces notions étant posées, disons maintenant comment il faut agir, suivant les périodes que peut présenter une plaie. La connaissance du moment où l'on doit employer les antiseptiques n'est pas assurément moins essentielle que celle de toutes les circonstances qui sollicitent leur usage.

1° Les antiseptiques doivent être appliqués au moment où la plaie vient d'être faite, dans le but d'empêcher l'inflammation.

2° Lorsque la suppuration existe, dans le but de la diminuer et d'empêcher qu'elle ne prenne de mauvaises qualités.

3° Enfin pour faire disparaître les mauvaises qualités du pus.

Dans le premier cas, c'est-à-dire lorsque la plaie est récente, les teintures alcooliques et l'alcool doivent être employés à un degré plus élevé, mais seulement pour les deux ou trois premières applications. Appliqués ainsi, ils produisent une astriction, un resserrement, une contraction instantanée qui amènent la fermeture, l'oblitération des vaisseaux capillaires, veineux, artériels et lymphatiques. En même temps qu'ils dessèchent l'extrémité de ces petits vaisseaux divisés, ils les agglutinent, coagulent les matières qui s'écoulent (sang, sérosité) et forment sur la plaie une pellicule, une véritable union chimique des tissus qui empêche l'absorption, en même temps qu'elle défend la plaie du contact de l'air. C'est une véritable peau artificielle exactement appliquée sur tous les points de la plaie et jusque dans ses anfractuosités les plus profondes. Les antiseptiques resserrent non seulement les vaisseaux, mais oblitèrent aussi ces vaisseaux divisés, favorisent dans leur intérieur la formation d'un caillot protecteur, et par conséquent les met à l'abri de l'inflammation et de la suppuration. Si plus tard celle-ci survient, les vaisseaux capillaires étant bouchés par de petits caillots obturateurs, l'absorption devient sinon impossible, au moins beaucoup plus difficile. Les petits vaisseaux se trouvent dans des conditions qui favorisent leur inflammation adhésive, avec les petits caillots sanguins qui bouchent leur extrémités. Tels sont les effets primitifs des antiseptiques, des teintures alcooliques dans une plaie récente et qui n'a pas encore suppuré. Survient ensuite la réaction inflammatoire qui reste très modérée; elle gonfle les tissus, les rapproche, et donne lieu à un épanchement de lymphe plastique qui vient ajouter encore aux premiers effets des liquides astringents et favoriser la cicatrisation.

Dans le second cas, si on n'a pu empêcher l'inflammation et si la plaie vient à suppurer quand même, on doit encore continuer l'usage des antiseptiques, parce qu'ils continueront les effets déjà obtenus, si ils ont été appliqués sur une plaie récente. Si c'est sur une plaie en suppuration, ils agiront de la même manière que dans le premier cas, moins activement et moins efficacement, il est vrai, mais ils contribueront encore à fermer les vaisseaux qui fournissent la suppuration et à diminuer l'inflammation. Si celle-ci est lente et tardive, si les surfaces suppurantes sont blafardes, molles, affaiblies, dénuées d'assez de vitalité, pour se débarrasser des parties mortes, en un mot, si la plaie a une tendance à prendre un caractère fâcheux, il faut encore recourir aux antiseptiques. Dans ce cas, ils augmentent 'action des surfaces de la plaie, facilitent la séparation des corps étrangers, putréfiés, gangrenés, dont la chute favorise la détersion de la plaie et la réaction d'un pus de bonne nature, tout en empêchant l'absorption. Dans ce second cas, les antiseptiques doivent être moins concentrés et avoir une action moins énergique que dans le premier cas, parce que les bouches béantes des vaisseaux capillaires sont déjà oblitérées en grande partie.

Dans le troisième cas, surtout lorsque le pus est de mauvaise nature, il faut s'empresser de panser avec les antiseptiques pour donner au pus de meilleures qualités, pour modifier promptement les surfaces suppurantes, pour empêcher l'inflammation de se propager dans les vaisseaux capillaires ou dans les veines et pour s'opposer à l'absorption d'un pus altéré. Ils agiront comme dans le premier et le second cas, rétréciront les ouvertures relâchées des vaisseaux capillaires, les oblitéreront et mettront les plaies à l'abri de la phlébite, des érysipèles et de la résorption purulente qui sera empêchée par toutes les causes que nous venons d'indiquer.

Donc, tout moyen qui pourra empêcher le sang et la sérosité de couler, alors qu'ils sont encore doués de propriétés vitales, en oblitérant les vaisseaux capillaires divisés, empêchera, diminuera l'inflammation de ces vaisseaux divisés et leur suppuration. Il se passera là les mêmes phénomènes que ceux qu'on observe dans une plaie souscutanée, dans les fractures ou les ruptures avec épanchements de sang ; dans les solutions de continuité qui succèdent à la chute d'une eschare, à un arrachement ou à la cautérisation, etc. On sait la différence profonde qui existe entre ces lésions et celles produites par le bistouri. Dans ces dernières, les vaisseaux divisés restent béants, s'enflamment, suppurent et deviennent autant de portes ouvertes à l'infection purulente; tandis que dans les plaies par arrachement, par cautérisation, les vaisseaux étant oblitérés, l'inflammation et ses suites sont moins graves et l'affection purulente beaucoup plus rare,

Mais ce n'est pas seulement de l'application des antiseptiques que le chirurgien doit attendre la guérison de ses malades, l'expérience et l'observation sont là pour le démontrer; comme dans tous les autres modes de pansements, il faut :

1° Des pansements rares ;

2° La soustraction de la plaie à l'influence de l'air ;

3° L'inamovibilité ;

4° Une compression légère des parties divisées ;

5° Éviter de porter le bistouri dans une plaie qui suppure.

C'est de l'application de tous ces moyens réunis et des indications qu'ils fournissent, que le chirurgien doit attendre, dans le pansement des blessés, une garantie sérieuse contre l'infection purulente. Il ne doit jamais sacrifier ces moyens les uns aux autres, quand il lui est possible d'obéir à tous à la fois, car chacun d'eux répond à un besoin, ainsi que l'atteste l'observation.

CONCLUSIONS.

Il résulte de ce travail :

1° Que le pansement des plaies par les teintures alcooliques, les antiseptiques, tout vieux qu'il soit par le fait, n'en n'est pas moins presque tout nouveau et à ses débuts pour la génération actuelle, tant il était depuis longtemps oublié, et que c'est aux médecins français que revient l'honneur d'avoir employé, les premiers, l'acide phénique dans le traitement des plaies.

2° Que ce pansement a, sur les lésions traumatiques récentes ou anciennes, une double action. Dans les plaies récentes il agit comme astringent, coagulant, cicatrisant énergique, et favorise la réunion immédiate. Dans les plaies anciennes, suppurant ou donnant une suppuration de mauvaise nature, il diminue la suppuration, éloigne les accidents des plaies et agit comme désinfectant et modificateur des surfaces suppurantes. A ce point de vue, il est de beaucoup supérieur à tous les pansements préconisés jusqu'ici.

3° Les teintures alcooliques, les antiseptiques employés dès le début, dans le pansement des plaies récentes ou d'opérations, arrêtent le suintement sanguin, sèchent la plaie et s'opposent à la formation du pus. Ils préviennent les phlegmons diffus, l'érysipèle, l'angioleucite, en coagulant le sang contenu dans les petits vaisseaux. Par leur action coagulante ils exercent sur l'albumine du sang, des vaisseaux capillaires divisés, une astriction qui les oblitère presque instantanément, y détermine des petites embolies fixes et tout à fait limitées, dont le résultat est d'empêcher l'infection purulente.

4° Dans les suppurations de mauvaise nature, les teintures alcooliques, les antiseptiques rendent au pus les bonnes qualités qu'il a perdues, modifient les surfaces suppurantes, et les disposent à une cicatrisation plus prompte.

INDEX BIBLIOGRAPHIQUE

BATAILHÉ. — De l'alcool et des composés alcooliques en chirurgie, Paris, 1859.

BELLOSTE. — Le chirurgien d'hôpital, chap. X, p. 60, t. I, 3e édition. Paris, 1716.

BÉRARD (Aug.). — Article Plaies, Diction. en 30 vol, 2e édition, Paris, 1841.

BENJAMIN ANGER. — Pansement des plaies chirurgicales, Paris, 1872.

BOINET. — Traité d'iodothérapie, 2e édition, Paris, 1865.

— Des désinfectants en thérapeutique. *Gazette hebdomadaire de médecine et de chirurgie*, n° 40, 41, 45. 1862.

— Du traitement des abcès par congestion ou de ceux qui dépendent d'une carie, par les injections iodées. *Mémoires de la Société de chirurgie*, t. II, fascicule 4, 1850.

— Observation d'un vaste abcès de la fosse iliaque interne, rapidement guéri par les injections. *Gazette médicale*, 1840, page 605.

— Des moyens de prévenir l'infection purulente ou du pansement des plaies, à l'aide de l'alcool et des teintures alcooliques. *Gazette hebdomadaire de médecine et de chirurgie*, 1879, page 359.

BOTTINI. — Acide phénique. *Bulletin général de thérapeutique*, 1867, page 380.

BROUSSAIS. — Cours de pathologie et de thérapeutique générale, Paris, 1834, t. II, page 74.

CAMPER. — Mémoire où l'on expose les inconvénients qui résultent de l'abus des onguents, des emplâtres; de quelles réformes la pratique vulgaire est susceptible à cet égard dans le traitement des ulcères. *Mémoires de l'ancienne Académie de chirurgie*, 1774, t. IV, page 728.

CELSE. — Traduction in Encyclopédie des sciences médicales, Paris, 1837, liv. V, p. 176.

CHEDEVERGNE. — Du traitement des plaies chirurgicales et traumatiques par les pansements à l'alcool. *Bulletin général de thérapeutique*, 1864, pages 249, 302, 346.

COMBES. — Pansement ouaté, thèse de Paris, 1871.

— Comptes rendus de l'Académie des sciences. Action des désinfectants sur la cicatrisation des plaies, février 1860.

CHAMPEAUX. — Mémoire où l'on expose les inconvénients qui résultent de l'abus des onguents, des emplâtres ; de quelles réformes la pratique vulgaire est susceptible à cet égard dans le traitement des ulcères. *Mémoires de l'ancienne Académie de chirurgie*, 1774, t. IV, page 637.

DEMEAUX. — Note sur la préparation de la charpie désinfectante. *Union médicale*, n° 88, 1860.

DEMEAUX et CORNE. — Sur la désinfection et le pansement des plaies. *Moniteur des hôpitaux*, 1859, n°s 92, 93, 94.

DUMAS. — Traité de chimie, t. VIII, 1846, pp. 752 et 756.

DUBREUIL. — Valeur relative des différents modes de traitement des plaies à la suite des opérations. Thèse de concours d'agrégation, Paris, 1869.

DIONIS. — Cours d'opérations chirurgicales. t. Ier, 1775, p. 57.

GIRALDÈS. — Des différents modes de pansement des plaies, en particulier par l'acide phénique et l'acide thymique. *Mouvement médical*, 1869, p. 172.

GUY DE CHAULIAC. — Traduction Joubert. Trait. III, doct. I, ch. 1 et trait. VII, doct. I, chap. 6, 1580.

HIPPOCRATE. — Traduction Littré. *Livre des plaies*, t. III, pp. 401, 402, 407. 1841.

HŒFER. — Histoire de la chimie, p. 324, t. I. 1842.

LE FORT. — Pansement simple par balnéation continue. *Gazette hebdomadaire de médecine et de chirurgie*, n° 22. 1870.

LEMAIRE. — Du coaltar saponiné. Paris, 1860.

— De l'acide phénique. Paris, 1865.

LEBŒUF. — Recherches sur la saponine. Paris, 1850.

LIEUTAUD. — Précis de médecine pratique, t. II, 1775, pp. 36 et 103.

LECŒUR. — Des pansements à l'aide de l'alcool et des teintures alcooliques. Caen, 1864.

LE DRAIN. — Traité ou Réflexions tirées de la pratique sur les plaies d'armes à feu, p. 16. Paris, 1740.

LISTER. — Pansements à l'acide phénique. *Gazette des hôpitaux*, p. 465. 1869.

— Acide phénique. *Journal de médecine et de chirurgie pratiques*, p. 14. 1869.

LIEBIG. — Chimie appliquée à la physiologie végétale et à l'agriculture, p 49. 1844.

LUCAS-CHAMPIONNIÈRE. — Chirurgie antiseptique. Paris, 1880.

MAISONNEUVE. — Pansements à l'acide phénique. *Gazette des hôpitaux*, 6 décembre 1867.

MAGENDIE. — Effets du contact de l'iode sur le sang et diverses substances végétales. *Union médicale*, p. 463 et 475, 1852.

MALGAIGNE. — De l'irrigation continue dans les affections chirurgicales. *Concours de clinique chirurgicale*, Paris, 1841.

Mémoires de l'ancienne Académie de chirurgie, 1744 à 1755.

MENIÈRE. — Le coaltar : nouvelle préparation. La Saponine, émulsion savonneuse de M. Lebœuf. *Gazette médicale*, 1859, p. 779 et 811.

ORIBASE. — Œuvres complètes. Traduction de Bussemacker et Ch. Daremberg, t. V, 1873, p. 326.

AMBROISE PARÉ. — Œuvres complètes, 4e édit., 1585. Livre IX, chap. V, livre X, chap. XV et XLII, livre XI, chap. XIV.

Pansements à l'alcool. *Gazette médicale*, 1864, p. 457.

Pansements par occlusion. *Gazette des hôpitaux*, 1844, p. 545.

PARISEL. — Propriétés du coaltar. *Bulletin général de thérapeutique*, 1860, p. 261.

— Propriétés thérapeutiques de l'acide picrique. Thèse de Paris, 1868.

SALLERON. — Mémoire sur le perchlorure de fer pour combattre la pourriture d'hôpital et l'infection purulente. Paris, 1859.

SAUVÉ. — Des moyens de prévenir l'infection purulente. Thèse de Paris, 1875.

SÉDILLOT. — Quelles sont les différentes méthodes de traitement des plaies. Thèse de concours, 1835.

TILLAUX. — Emploi de la charpie carbonifère comme désinfectant des plaies. *Bulletin général de thérapeutique*, 1867, p. 88.

VERNEUIL. — Le traumatisme ou les propathies. *Revue mensuelle de médecine et de chirurgie*, tome III, 1879, p. 353.

— Des indications et contre-indications opératoires chez les sujets atteints de maladies constitutionnelles. *Revue mensuelle de médecine et chirurgie*, tome IV, 1880, p. 1.

WURTZ. — Article Phénol, *Diction. de chimie pure et appliquée*, 1873, tome II.

Paris. — A. PARENT, imprimeur de la Faculté de Médecine, rue M.-le-Prince, 29-31.

www.ingramcontent.com/pod-product-compliance
Ingram Content Group UK Ltd.
Pitfield, Milton Keynes, MK11 3LW, UK
UKHW021146230726
13926UKWH00002B/963